1.4　开天辟地——合成第一个镜头　　效果　　步骤

2.2　制作一个足球冠军杯动态海报　　效果　　步骤

3.2　合成一个三维动画片的片头　　效果　　步骤

4.2　Trapcode Particular 制作雨天场景　　效果　　步骤

本书作品赏析

5.2　Primatte Keyer 在微电影中的应用　　效果　　步骤

6.2　Mocha 和 After Effects 的项目流程　　效果　　步骤

7.2　使用 Element 3D 创建汽车三维标志　　效果　　步骤

8.2　C4D 创造脑细胞神经系统　　效果　　步骤

After Effects
特效合成
完全攻略

浩 著

清华大学出版社

北 京

内 容 简 介

本书由中国影视后期资深专家董浩先生倾力编写，是一本讲解 After Effects 影视特效合成技术的案例书。《After Effects 特效合成完全攻略》共分为 8 章，内容涵盖 After Effects 的基本概念及用途、After Effects 特效合成的基本流程、After Effects 三维空间、调色插件 Magic Bullet Looks、粒子与光影插件 Trapcode Particular、After Effects 抠像技术、摄像机追踪技术、强大的三维插件 3D Element、After Effects 与 Cinema 4D 软件无缝结合的项目流程等。《After Effects 特效合成完全攻略》在详细解读 After Effects 自身各个模块的基础上，还把当前业界好用、常用的插件进行了剖析，并介绍了当前最前沿的行业制作流程。

《After Effects 特效合成完全攻略》适合作为高等院校计算机图形图像、数字媒体、新媒体、影视编导、影视动画、二维三维动画专业的教材，同时适合广大的 CG 爱好者，尤其是想进入和刚刚进入影视动画、影视后期合成、影视特效行业的人员。

图书在版编目（CIP）数据

After Effects 特效合成完全攻略 / 董浩著 . —北京：清华大学出版社，2016（2017.8重印）
ISBN 978-7-302-43387-3

I. ① A… II. ①董… III. ①图像处理软件 IV. ① TP391.41

中国版本图书馆 CIP 数据核字（2016）第 074807 号

责任编辑：陈绿春
封面设计：王思睿
责任校对：徐俊伟
责任印制：沈　露

出版发行：清华大学出版社
　　　　　网　　　址：http://www.tup.com.cn，http://www.wqbook.com
　　　　　地　　　址：北京清华大学学研大厦 A 座　　　　邮　编：100084
　　　　　社 总 机：010-62770175　　　　　　　　　　邮　购：010-62786544
　　　　　投稿与读者服务：010-62776969, c-service@tup.tsinghua.edu.cn
　　　　　质量反馈：010-62772015, zhiliang@tup.tsinghua.edu.cn
印 刷 者：北京鑫丰华彩印有限公司
装 订 者：北京市密云县京文制本装订厂
经　　销：全国新华书店
开　　本：188mm×260mm　　　　**印　张**：12.5　　　**插页**：2　　　**字　数**：412 千字
　　　　　（附 DVD 1 张）
版　　次：2016 年 7 月第 1 版　　　**印　次**：2017 年 8 月第 2 次印刷
印　　数：3501～5500
定　　价：69.00 元

产品编号：066064-01

记不清最早让我叹为观止的好莱坞大片是哪一部了，《终结者》？《侏罗纪公园》？但近20年来好莱坞从来没有让我们停止叹为观止过，《泰坦尼克号》、《哈利波特》、《指环王》、《骇客帝国》、《变形金刚》、《阿凡达》、《复仇者联盟》……我在讲座时经常会说，你们知道这些好莱坞大片现在有许多是中国制造的吗？回应我的经常是无法相信的眼神，因为中国的影视后期工作者做了太久的幕后英雄。

随着计算机硬件和软件的日新月异，现在有越来越多的影视爱好者尝试着自己制作出好莱坞大片中的特效，在互联网如此发达的今天，已经可以通过网络交流学习而不断进步，这就为那些幕后英雄们提供了很好的展示平台。我也加入了这个阵营，在网络上录制了自己的课程，将自己10年的项目、教学经验无偿分享给大家，我的理念是用最简单的方法制作出最具水准的效果，但课程比较零散，不太成体系。

2015年我重新审视行业，围绕着软件与项目流程重新编写大纲，有幸在清华大学出版社这个优秀的平台上出版这本《After Effects特效合成完全攻略》，希望对那些热爱这个行业的年轻人能有一些系统的帮助与辅导。《老子》中讲到："授人以鱼，不如授人以渔"，说的是传授给人既有的知识，不如传授给人学习知识的方法，但现在的年轻人学习的主动性其实并不高，所以本书中既有现成的案例制作解析，也有发散学习的启示，只要认真学习，不仅能制作出较高品质的案例，还能熟悉和掌握影视后期工作的各个重要模块和环节，如果能融会贯通，加以熟练，一定会成为一个优秀的影视后期工作者。

在本书的编写过程中，中国的两部本土电影《捉妖记》与《大圣归来》打破了好莱坞在中国的各种票房神话，为中国电影开启了新的篇章，非常振奋人心，这也许预示着东方文化在世界电影舞台的再次崛起。看到自己培养的许多学生们也投身到各种好莱坞的大项目中去，发挥自己的才能与智慧，实在是一件异常欣慰的事。

作为一名影视后期工作的幕后英雄，最有成就感的时候就是在影片放完后，观众走完后，自己默默地看制作人员的名单里有自己名字的时候，希望这本书能够帮助更多热爱这个行业的人，让他们的名字，让更多中国人的名字，出现在最好的电影中，永载史册！

向所有已经成为和即将成为的幕后英雄们，致敬！

作者

2016 年 5 月

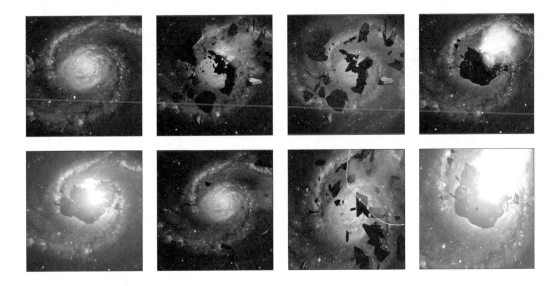

目录

第 1 章　进入 CG 的宇宙

第 **2** 章　**空间的游戏**

第 **3** 章　**色彩的能量**

第 **4** 章　**百变的颗粒**

第 5 章　抠像的魔术

第 6 章　摄像机追踪

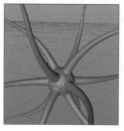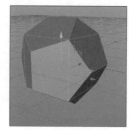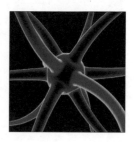

第 8 章 无缝衔接的兄弟 Cinema 4D

第1章 进入CG的宇宙

本章学习目标

- 认识当今的CG行业
- 了解影视后期的基本原理
- After Effects软件的介绍
- 熟练掌握软件基础工具的使用

本章先向读者介绍CG在当今社会应用的各个方面；再介绍After Effects的基本功能，最后来制作一个基础案例。

1.1 CG 的概念

1.1.1 CG 的概念

CG 原为 Computer Graphics 的英文缩写，是一种使用数学算法将二维或三维图形转化为计算机显示器的栅格形式的科学。CG 通常指的是数码化的作品，内容涉及纯艺术创作到广告设计，可以是二维、三维、静帧或动画。广义的概念还包括 DIP 和 CAD，现在 CG 的概念正在扩大，由 CG 和虚拟现实技术制作的媒体文化，都可以归于 CG 范畴，它们已经形成了一个可观的经济产业。

1.1.2 电影 CG 大师一览

在能够进入 CG 宇宙之前，还要做一些准备工作。首先需要认识几位电影界的 CG 大师和他们的作品，这些大师及作品无疑是推动计算机图形图像发展到今天的动力。

❶ 李安

当今国际影坛声名最盛的华人导演李安，2012 年凭借电影《少年派的奇幻漂流》再次获得奥斯卡最佳导演奖，并同时获得最佳摄影奖、最佳视觉效果奖和最佳原创音乐奖，成为全球华人的骄傲，如图 1-1 所示。

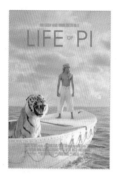

图 1-1

❷ 詹姆斯·卡梅隆

1997 年 14 项提名、11 座奥斯卡金像奖得主的奥斯卡神话《TITANIC》在 2012 年被詹姆斯·卡梅隆以全新的 IMAX+3D 技术再次搬上银幕。该片是当时电影史上最卖座的一部电影，全球总票房为 18 亿 3540 万美元（北美地区为 6 亿美元，中国为 3.6 亿元人民币），现在仍位居单部影片票房的第二名，仅次于同样由詹姆斯·卡梅隆导演的 2009 年上映的《阿凡达》，如图 1-2 所示。

图 1-2

❸　史蒂文·斯皮尔伯格

曾两度获得奥斯卡最佳导演奖的史蒂文·斯皮尔伯格在 2012 年继续制造着电影神话，影片《林肯》获得第 85 届奥斯卡金像奖最佳艺术指导奖、最佳男主角奖，如图 1-3 所示。

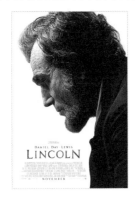

图 1-3

❹　彼得·杰克逊

彼得·杰克逊导演也在 2012 年推出最新电影《霍比特人》，如图 1-4 所示。

图 1-4

❺　其他

还有诸多影片以无与伦比的电影特效征服了全球的观众，如图 1-5 和图 1-6 所示。

图 1-5

图 1-6

1.1.3　CG 相关产业介绍

随着以计算机为主要工具进行视觉设计和生产的一系列相关产业的形成，国际上习惯将利用计算机技术进行视觉设计和生产的领域通称为 CG。它既包括技术也包括艺术，几乎囊括了当今计算机时代中所有的视觉艺术创作活动，如平面印刷品的设计、网页设计、三维动画、影视特效、多媒体技术、以计算机辅助设计为主的建筑设计及工业造型设计等，如图 1-7 所示。

图 1-7

而随着 3D 电影时代和高清数字电视时代的来临，CG 更是以一种无法阻挡的气势，瞬间霸占了我们眼睛所能看到的一切角落。CG 电影是指影片本身在真实场景中拍摄并由真人表演为主，但穿插应用大量虚拟场景及特效的影片。通常的手法是在传统电影中应用 CG 技术增加虚拟场景、角色、事物、特效等对象，以达到真假难辨、增强视觉效果的目的，而现在这种技术也更多地被电视剧、广告、栏目包装等领域所采用，如图 1-8 所示。

图 1-8

1.2　影视后期的概念和原理

1.2.1　影视后期的概念

"电影特效"是一个泛泛的称谓，如果从专业角度继续细分，可以分为视觉效果（Visual Effects）和特殊效果（Special Effects），这两者的解释如下。

❶　视觉效果（Visual Effects）

视觉效果代指不能依靠摄影技术完成的后期特技，基本以计算机生成图像为主，换句话说就是在拍摄现场不能得到的效果，具体包含三维图像（虚拟角色、三维场景、火焰、海水、烟尘等的模拟）、二维图像（数字绘景、钢丝擦除、多层合成等）。

❷　特殊效果（Special Effects）

特殊效果指在拍摄现场使用的用于实现某些效果的特殊手段，被摄影机记录并成像，具体有小模型拍摄、逐格动画、背景放映合成、蓝绿幕技术、遮片绘画、特殊化妆、威亚技术、自动化机械模型、运动控制技术、爆炸、人工降雨、烟火、汽车特技等。在现代电影的制作中，特殊效果技术和视觉效果技术联合使用、密不可分，而且分界线也不是非常清晰，例如蓝绿幕和威亚技术都需要依靠计算机软件的擦除，是联动的技术手段，如图 1-9 所示。

图 1-9

1.2.2　影视合成的原理

后期合成一般指，将录制或渲染完成的影片素材进行再处理加工，使其能完美达到需要的效果。合成的类型包括了静态合成、三维动态特效合成、音效合成、虚拟和现实的合成等。衍生的职业有：后期合成师、特效合成师。

❶　素材

在影片制作过程中，素材的种类多种多样，具体需要视影片情况而定。有各种类型的图片或图片序列（BMP、JPG、TGA、TIF、DPX 等）、各种视频格式（AVI、MPG、WMA 等）、各种音频格式（WAV、MP3、AIF 等），好的影片一定是许多优秀素材的集合。

❷　合成

准备好素材后，如何将素材组合在一起，大部分的软件都是利用层级关系来合成素材的，具体原理如图 1-10 所示。

原始素材　　　　　　　　　　　　　　　　　最终合成画面

图 1-10

通过上面效果的对比，大家不难看出，最终画面的和谐与真实离不开艺术的处理与加工，画面的色调、构图、节奏等艺术本质上的因素尤为重要。因此一个合成工作者的艺术修养、美学知识直接决定其作品的格调，技术可以很快熟练，而修养需要一辈子去努力提升，因此平时一定要多涉猎艺术形式，多欣赏大师的经典作品，多积累各方面的资源。

1.3　影视后期特效合成利器之 After Effects

1.3.1　After Effects 简介

After Effects 是 Adobe 公司推出的一款图形视频处理软件，适用于从事设计和视频特技的机构，包括电视台、动画制作公司、个人后期制作工作室，以及多媒体工作室等。而在新兴的用户群，如网页设计师和图形设计师中，也开始有越来越多的人使用 After Effects，其属于层类型后期软件。After Effects 涵盖影视特效制作中常见的文字特效、粒子特效、光效、仿真特效、调色技法，以及高级特效等，如图 1-11 和图 1-12 所示。

图 1-11

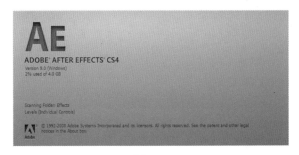

图 1-12

1.3.2　After Effects 功能介绍

● 图形视频处理

Adobe After Effects 软件可以帮助你高效且精确地创建无数种引人注目的动态图形和震撼人心的视觉效果。利用与其他 Adobe 软件无与伦比的紧密集成和高度灵活的 2D 和 3D 合成，以及数百种预设的效果和动画，为你的电影、视频、DVD 和 Flash 作品增添令人耳目一新的效果。After Effects 支持从 4 像素 ×4 像素到 30000 像素 ×30000 像素分辨率，包括高清电视（HDTV）。

● 强有力的合成

针对视频、音频、静帧、动画文件进行无限层画面合成。

用 Adobe 标准的"钢笔工具"或其他易于使用的绘图工具创建复杂的、游动的 mattes，创建并处理 Alpha 通道。

每层画面最多可以使用 128 个开放或封闭的蒙板。

● 强大的路径功能

就像在纸上画草图一样，使用 Motion Sketch 可以轻松绘制动画路径。

用运动模糊功能模拟快门时间。

● 无与伦比的准确性

无限层电影和静态画术，使 After Effects 可以实现电影和静态画面的无缝合成。

After Effects 中，每层画面可以添加无限量的关键帧，关键帧支持具有所有层属性的动画，After Effects 可以自动处理关键帧之间的变化。

After Effects 可以精确到一个像素的 1/65000，可以准确地定位动画。

● 强大的特技控制

After Effects 使用多达 85 种软插件修饰增强图像效果和动画控制。

● 同其他 Adobe 软件的无缝集成

After Effects 在导入 Photoshop 和 Illustrator 文件时，保留层信息。

将 Premiere 项目文件输入 Compositions 时，在 Premiere 中编辑好的片段将以适当的时间顺序排放在相应层上。

After Effects 提供多种转场效果选择，并可以自主调整效果，让剪辑者通过较简单的操作就可以打造出自然衔接的影像效果。

● 灵活多样的处理方式

对最高达 4000 像素 ×4000 像素分辨率的文件进行处理。用 RAM Preview 方式实时回放，对一个 Composition 进行不同尺寸的生成，或多个 Composition 同时进行生成，并可以保存为模板。支持跨平台的 QuickTime 格式。

● 专业级音频特效

从 8KHZ 到 48KHZ（Macintosh）或 96KHZ（Windows）的专业级质量采样率，对声音进行预处理或重采样。

● 高效的渲染效果

After Effects 可以执行一个合成在不同尺寸上的多种渲染，或者执行一组任何数量的不同合成的渲染。

1.4 开天辟地——合成第一个镜头

1.4.1 素材的导入与合成的创建

前面我们已经进入了 CG 的宇宙，也了解了 After Effects 的强大功能，那么下面就让我们来合成一个宇宙大爆炸的片段，感受一下 After Effects 的魅力，首先让我们来欣赏一下完成后的最终效果，如图 1-13 所示。

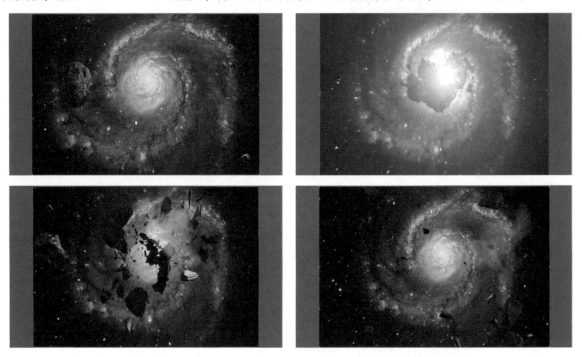

图 1-13

在软件界面左上角找到 Project 窗口，这是用来导入和管理素材的地方，如图 1-14 所示。

现在导入素材，在 Project（项目）窗口的空白处双击鼠标左键，弹出 Import File 对话框，找到 3d out 文件夹，其中是渲染好的序列帧，单击任意一张图片，在左下角选中 JPEG Sequence 选项，即可将序列整体作为动画导入，如图 1-15 所示。

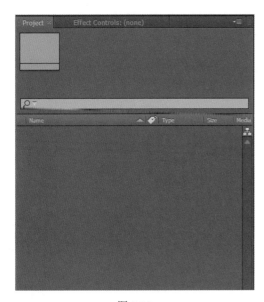

图 1-14

图 1-15

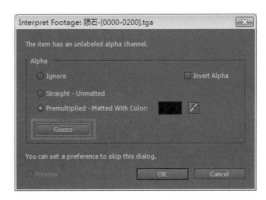

图 1-16

导入序列之后就要开始制作了,首先新建一个合成。因为素材是渲染好的,所以直接使用素材来创建合成,直接用鼠标在 Project(项目)窗口将名称为"宇宙"的序列帧拖曳到 Create a new Composition(新建合成)按钮上释放,即可创建合成,如图 1-17 所示。

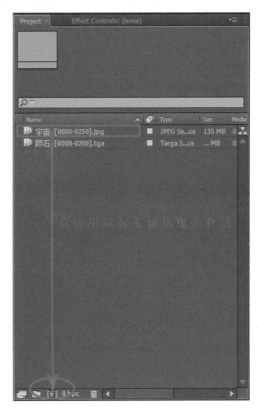

图 1-17

在 Project(项目)窗口中会出现一个叫"宇宙"的合成文件,软件中间会出现 Composition(合成)窗口,Timeline(时间线)窗口上也会出现"宇宙"图层,如图 1-18 所示。

知识点:

帧,就是影像动画中最小单位的单幅影像画面。一帧就是一幅静止的画面,连续的帧就形成了动画,如电视图像等。 我们通常说的帧数,简单地说,就是在 1 秒中传输的图片帧数,也可以理解为图形处理器每秒能够刷新几次,通常用 FPS(Frames Per Second)表示。每一帧都是静止的图像,快速连续地显示帧便形成了运动的假象。高的帧速率可以得到更流畅、更逼真的动画效果。每秒帧数(FPS)越多,所显示的动作就会越流畅。而序列帧(Sequence)是把活动视频用一帧一帧的图像文件来表示。

继续用同样的方法导入陨石素材,这次素材带有 Alpha 通道,所以导入时会弹出 Interpret Footage(解释素材)对话框,单击 Guess 按钮,软件会自动识别通道后导入文件, 如图 1-16 所示。

图 1-18

现在直接将陨石素材从 Project（项目）窗口放进 Timeline（时间线）窗口，"陨石"层在上，"宇宙"层在下，如图 1-19 所示。

图 1-19

观察画面，原素材的色彩比较苍白，因此在合成爆炸效果前首先要对素材进行校色，这也是 After Effects 作为后期软件对三维软件渲染出的动画必须要做的一个工作流程，如图 1-20 所示。

图 1-20

在 Timeline（时间线）窗口中选择"宇宙"图层，然后在 Project（项目）窗口右侧找到 Effects Control（特效控制）窗口，如图 1-21 所示。

图 1-21

鼠标右键单击 Effects Control（特效控制）窗口空白处，即可添加特效。

知识点：

如果 Project（项目）窗口右边没有窗口，执行 Window（窗口）菜单中的 Effects Control（特效控制）命令即可。需要特别注意的是，一定要先在 Timeline（时间线）窗口选择图层，然后在 Effects Control（特效控制）窗口空白处单击鼠标右键来添加特效，否则无法添加特效。并且不同图层的特效是独立添加的。

在 Effects Control（特效控制）窗口空白处单击鼠标右键，在弹出的特效菜单中找到 Color Correction（色彩校正）子菜单，如图 1-22 所示。

图 1-22

选择 Color Correction（色彩校正）子菜单中的 Curves（曲线）选项，如图 1-23 所示。

图 1-23

此时，Effects Control（特效控制）窗口就会出现 Curves（曲线）插件，如图 1-24 所示。

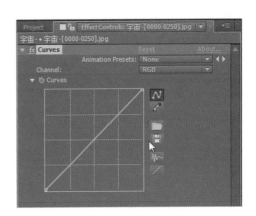

图 1-24

分别进入不同的通道进行校色，首先在默认的 Curves（曲线）插件面板上，直接单击曲线添加控制点，右上方一个，左下方一个。将右上方的控制点向上拖曳，左下方的控制点向下拖曳，这样做可以使画面的对比度加强，如图 1-25 所示。

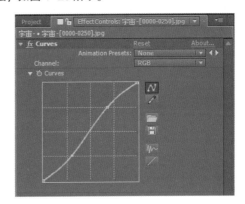

图 1-25

在 Curves（曲线）插件面板上找到 Channel（通道）下拉列表，其默认为 RGB（红绿蓝通道），在其中选择 Red（红通道）选项，将曲线稍稍向上推一点，如图 1-26 所示。

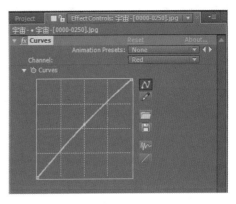

图 1-26

继续在 Curves（曲线）插件面板上，将 Channel（通道）下拉列表中的选项切换为 Blue（蓝通道），将曲线稍稍向下拉一点，如图 1-27 所示。

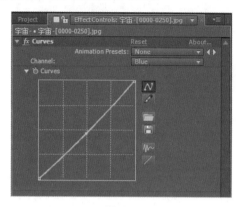

图 1-27

选择"陨石"素材，同样在 Effects Control（特效控制）窗口添加相同的 Curves（曲线）效果。介绍一个加快效率的方法，不同图层的特效是可以复制的。

完成后的效果对比，如图 1-28 所示。

图 1-28

1.4.2 素材的合成方法

观察现在的效果，虽然色彩好了许多，但最终动画效果并不好，原因有两点：

（1）石头相撞时没有任何效果，例如爆炸、烟雾等。

（2）石头碎裂的碎片不够多。

这就需要我们借助插件和素材来解决上述问题。

继续导入素材，在 Project（项目）窗口的空白处双击鼠标左键，弹出素材 Import File 对话框，找到 video 文件夹，这里是视频素材文件。选择"爆炸 .mov"文件并直接打开，如图 1-29 所示。

图 1-29

将"爆炸 .mov"文件拖进"时间线"窗口并放在顶层，将它放到 5 秒 03 帧的位置，因为素材爆炸是从 5 秒 07 帧开始的，而陨石破裂也是在同一时间，但爆炸一闪即逝，后面的素材过长，所以在 5 秒 11 帧的位置按下快捷键 Alt+] 将素材截断，如图 1-30 所示。

图 1-30

但现在的爆炸素材并不在画面正确的位置上，我们要调整它的 Scale（缩放）、Position（位置）属性。直接按下 Scale（缩放）的快捷键 S，打开 Scale（缩放）属性，将大小的数值改为 92.0,92.0，如图 1-31 所示。

图 1-31

按住 Shift 键不放，同时按下 Position（位置）的快捷键 P，同时打开 Position（位置）属性，将位置的数值改为 921.0,36.0，如图 1-32 所示。

图 1-32

最后再按住 Shift 键不放，同时按下 Rotation（旋转）的快捷键 R，同时打开 Rotation（旋转）属性，将旋转的数值改为 0x+36.0°，如图 1-33 所示。

图 1-33

素材的位置、大小调整好了，但素材有多余的部分。所以要使用工具栏中的"钢笔工具"给素材添加遮罩，将爆炸素材的多余部分去掉。直接单击"钢笔工具"，在 Composition（合成）窗口中画一个区域，并闭合曲线，如图 1-34 所示。

图 1-34

完成后按下羽化的快捷键 F，调整羽化数值为 55.0,55.0 Pixels，如图 1-35 所示。

图 1-35

因为爆炸的光线要透明而且发亮，为了加强效果，所以要将素材的图层混合模式设为：Add（添加）。顺便提一下，After Effects 的层混合模式比 Photoshop 还要强大，如图 1-36 所示。

图 1-36

爆炸之后要产生烟尘，所以继续导入素材"烟尘 1.mov""烟尘 2.mov"，将"烟尘 1.mov"放在 5 秒 07 帧的位置，在 7 秒 24 帧的位置按下快捷键 Alt+]，将多余的素材截断，如图 1-37 所示。

图 1-37

调整它的 Scale（缩放）、Position（位置）属性。直接按下 Scale（缩放）的快捷键 S，打开 Scale（缩放）属性，将大小的数值改为 45.0,45.0。

按住 Shift 键不放，同时按下 Position（位置）的快捷键 P，同时打开 Position（位置）属性，将位置的数值改为 654.0,73.0。

按住 Shift 键不放，同时按下 Rotation（旋转）的快捷键 R，同时打开 Rotation（旋转）属性，将旋转的数值改为 0x–14.0°，如图 1-38 所示。

图 1-38

同样使用"钢笔工具"给素材添加遮罩并羽化，参数为：25.0,25.0 Pixels。

因为烟雾亮度没有爆炸那么强，所以将素材的图层混合模式设为：Screen（屏幕），如图 1-39 所示。

图 1-39

"烟尘 1.mov"制作完毕，如图 1-40 所示。

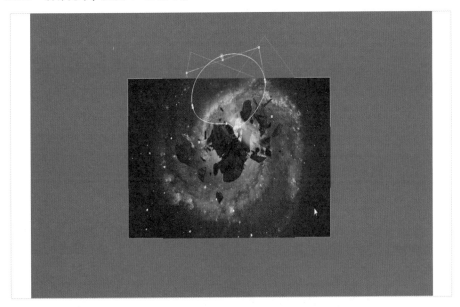

图 1-40

将"烟尘 2.mov"放在 5 秒 06 帧的位置，同样在 7 秒 24 帧的位置按下快捷键 Alt+] 将素材截断，如图 1-41 所示。

图 1-41

采用同样的方法，调整它的 Scale（缩放）、Position（位置）属性。直接按下 Scale（缩放）的快捷键 S，打开 Scale（缩放）属性，将数值改为 74.0,74.0。

按住 Shift 键不放，同时按下 Position（位置）的快捷键 P，同时打开 Position（位置）属性，将位置的数值改为 849.0,70.0。

按住 Shift 键不放，同时按下 Rotation（旋转）的快捷键 R，同时打开 Rotation（旋转）属性，将旋转的数值改为 0x+44.0°，如图 1-42 所示。

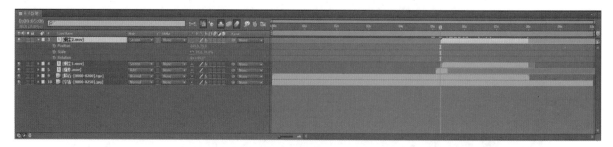

图 1-42

继续使用"钢笔工具"给素材添加遮罩并羽化，羽化参数为：32.0,32.0 Pixels。同样将素材的图层混合模式设为 Screen（屏幕），如图 1-43 所示。

图 1-43

"烟尘 2.mov"制作完毕，如图 1-44 所示。

图 1-44

爆炸和烟尘制作好了，但现在画面中碎石的数量太少了，同样导致画面效果不够好，所以还要使用素材将画面完善。现在开始制作爆炸后的碎石，导入素材"碎块 .Mov"放在 5 秒 08 帧的位置，并将层的位置放在爆炸层的下方，陨石层的上方，如图 1-45 所示。

图 1-45

现在观察素材"碎块 .Mov"，发现素材"碎块 .Mov"的速度和爆炸节奏不匹配，原因是素材"碎块 .Mov"本身的速度过于缓慢，所以要将其变速。在时间线上选择"碎块 .Mov"，鼠标右键单击素材，出现 Time（时间）子菜单，如图 1-46 所示。

选择 Time（时间）子菜单中的 Enable Time Remapping（时间重置）选项，如图 1-47 所示。

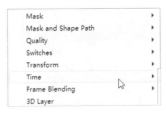

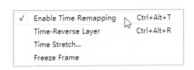

图 1-46　　　　　　　　　　　　　　　　图 1-47

此时，素材层下方会出现两个菱形的关键帧，如图 1-48 所示。

图 1-48

在中间位置添加一个关键帧，将其向左（前）移动，使碎块动画的播放速度加快，在 7 秒 24 帧的位置按下快捷键 Alt+] 将素材截断，如图 1-49 所示。

图 1-49

现在调整它的 Position（位置）属性。按下 Position（位置）的快捷键 P，打开 Position（位置）属性，将位置的数值改为 611.0,340.0，如图 1-50 所示。

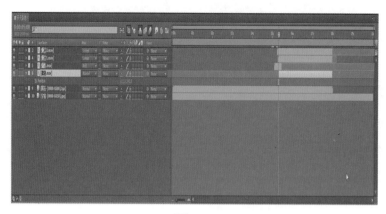

图 1-50

继续使用"钢笔工具"给素材添加遮罩并羽化，羽化参数为：5.0,5.0 Pixels，如图 1–51 所示。

图 1-51

继续导入素材"大碎片 .mov"，使用同样的方法进行变速，并在 7 秒 24 帧的位置将素材截断。

调整它的 Scale（缩放）、Position（位置）属性。直接按下 Scale（缩放）的快捷键 S，打开 Scale（缩放）属性，将大小的数值改为 167.0,167.0。

按住 Shift 键不放，同时按下 Position（位置）的快捷键 P，打开 Position（位置）属性，将位置的数值改为 832.0,138.0。

按住 Shift 键不放，同时按下 Rotation（旋转）的快捷键 R，打开 Rotation（旋转）属性，将旋转的数值改为 0x+16.0°，如图 1–52 所示。

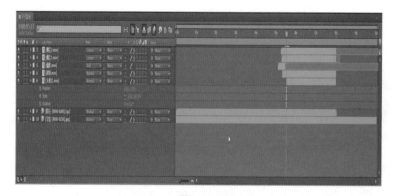

图 1-52

同样使用"钢笔工具"给素材添加遮罩并羽化，羽化参数为：5.0,5.0 Pixels，如图 1-53 所示。

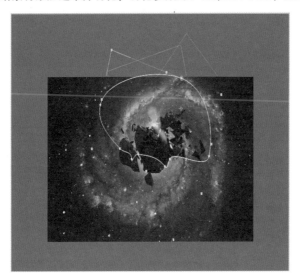

图 1-53

最后导入素材"小碎片 .mov"，同样进行变速，并在 7 秒 24 帧的位置将素材截断。调整它的 Position（位置）属性，按下 Position（位置）的快捷键 P，同时打开 Position（位置）属性，将位置的数值改为 786.0,356.0，如图 1-54 所示。

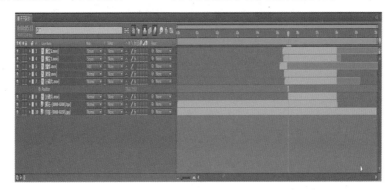

图 1-54

同样使用"钢笔工具"给素材添加遮罩并羽化，羽化参数为：25.0,25.0 Pixels，如图 1-55 所示。

图 1-55

至此视频素材添加完毕，观察画面中添加碎石素材前后的效果对比，如图 1-56 所示。

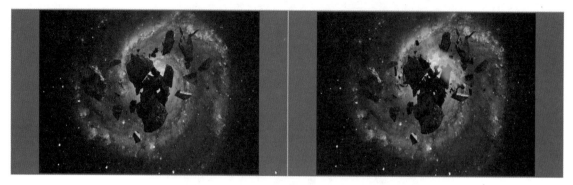

图 1-56

1.4.3 光效与模糊

现在画面元素虽然比之前丰富了许多，但爆炸瞬间的气氛不足，所以这里要借助一款第三方插件 Optical Flares 来加强爆炸瞬间的光效，如图 1-57 所示。

图 1-57

知识点：

Optical Flares 是 Video Copilot 公司于 2010 年 1 月出品的一款光晕插件，类似的光晕插件早期有 Sapphire 蓝宝石插件，以及 Knoll Light Factory 光工厂插件，但相对这两款插件，Optical Flares 在控制性能、界面友好度，以及效果等方面都比较出彩，所以现在无论是科幻巨制还是魔幻题材，无论影视、广告，还是栏目包装，Optical Flares 几乎无处不在，插件效果如图 1-58 所示。

图 1-58

现在就让我们见识一下这款插件的强大之处，直接按下新建固态层的快捷键 Ctrl+Y，弹出 Solid Settings 对话框，将名称命名为"镜头光晕"，颜色改为纯黑色，如图 1-59 所示。

图 1-59

此时，在时间线上就会出现一个新的图层，如图 1-60 所示。

图 1-60

下面我们来学习添加镜头光晕特效的方法。先在

Timeline（时间线）窗口选择"镜头光晕"图层，然后在 Project（项目）窗口右边找到 Effects Control（特效控制）窗口，如图 1-61 所示。

图 1-61

在 Effects Control（特效控制）窗口的空白处单击鼠标右键，在弹出的特效菜单中找到 Video Copilot 子菜单，如图 1-62 所示。

图 1-62

在 Video Copilot 子菜单中选中 Optical Flares（镜头光晕）选项，添加特效，如图 1-63 所示。

图 1-63

添加特效后，在 Effects Control（特效控制）窗口中单击特效上方的 Options 选项，如图 1-64 所示。

图 1-64

此时会弹出插件的独立面板，在该面板中可以随意

修改镜头光晕的属性数值，从而调节镜头光晕的效果，如图1-65所示。

图1-65

单击右侧的PRESETS BROWSER（预置浏览器）按钮，会出现许多文件夹，如图1-66所示。

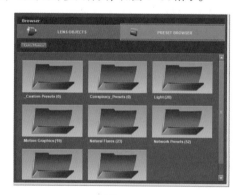

图1-66

单击名称为Light（20）的文件夹，打开后选择名称为Real Sun（真实太阳）的光线，如图1-67所示。

图1-67

在左侧的Stack（堆栈）窗口中，找到将光线组成的层，层后面有一个X按钮可以将不需要的层去掉，如图1-68所示。

图1-68

将窗口中第一层以下的部分去掉，只留下光球，单击OK按钮回到合成中，如图1-69所示。

图1-69

在Effects Control（特效控制）窗口的镜头光晕特效属性中找到光线位置选项PositionXY，将位置数值修改为705.0,282.0，如图1-70所示。

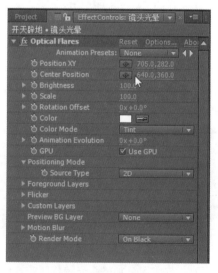

图1-70

在"时间线"窗口中将"镜头光晕"固态层的层混合模式设置为 Add，如图 1-71 所示。

图 1-71

此时我们已经看到了镜头光晕的效果，但它始终在画面中亮着，开始陨石没碰撞的时候，它应该不出现，当爆炸产生时才出现，而且在爆炸瞬间镜头光晕应当更亮。因此我们要给镜头光晕的 Brightness（亮度）、Scale（大小）属性制作动画。

在 Effects Control（特效控制）窗口的镜头光晕特效属性中找到光线亮度选项 Brightness 和大小选项 Scale，在 5 秒 07 帧的位置单击关键帧开关按钮，并把这两项数值调成 0,0，如图 1-72 所示。

图 1-72

知识点：

After Effects 制作关键帧动画，在层属性的前面有一个类似小闹钟的图标，俗称"码表"，学名叫"关键帧记录器"，单击该图标，就会在时间指针处添加一个关键帧，把时间指针向后拖，然后在"关键帧记录器"图标前面有两个三角，中间有一个菱形的图标，单击它会再次在时间指针处添加关键帧，在这两个关键帧之间就可以制作动画了。

将时间线指针调到 5 秒 11 帧，将 Brightness（亮度）值改为 170.0，将 Scale（大小）值改为 150.0。再将时间线指针调到 5 秒 19 帧的位置，将 Brightness（亮度）值改为 0.0，将 Scale（大小）值改为 0.0，如图 1-73 所示。

图 1-73

镜头光晕的动画就制作完成了，如图 1-74 所示。

图 1-74

此时爆炸瞬间对环境的影响就被强化了，但在爆炸的瞬间，画面的冲击力还远远不够，陨石在剧烈炸开的时候画面应该会有强烈的运动模糊效果，为了增强画面的冲击力，最后再给整个画面添加一个镜头模糊效果。

直接按新建调节层的快捷键 Ctrl+Alt+Y，出现一个新层，按回车键将层的名称命名为"镜头模糊"，如图 1-75 所示。

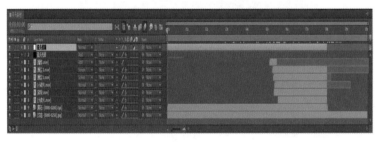

图 1-75

也可以在时间线的空白处单击鼠标右键，在弹出的快捷菜单中选择 New 子菜单中的 Adjustment Layer 命令，建立调节层，如图 1-76 所示。

图 1-76

在 Effects Control（特效控制）窗口的空白处单击鼠标右键，在弹出的快捷菜单中进入 Blur&Sharpen（模糊与锐化）子菜单，如图 1-77 所示。

在 Blur&Sharpen（模糊与锐化）子菜单中选择 CC Radial Fast Blur（CC 快速径向模糊）选项，添加特效，如图 1-78 所示。

添加特效后，我们会发现整个画面完全模糊了，但我们只是想在爆炸产生的一瞬间产生模糊，因此也要为 CC Radial Fast Blur（CC 快速径向模糊）特效制作关键帧动画。

在 Effects Control（特效控制）窗口的 CC Radial Fast Blur（CC 快速径向模糊）特效属性中找到 Amount（效果）选项，在 5 秒 07 帧的时候单击关键帧开关，并把数值调为 0.0，如图 1-79 所示。

图 1-77

图 1-78

图 1-79

将时间线指针调到 5 秒 11 帧，将 Amount（效果）的值改为 25.0；再将时间线指针调到 5 秒 19 帧，将 Amount（效果）的值改为 0.0，如图 1-80 所示。

图 1-80

观察最后的效果，在爆炸的瞬间，画面中不仅出现了强烈的光线，而且出现了冲击力很强的运动模糊效果，如图 1-81 所示。

图 1-81

1.4.4 输出成片

至此，整个镜头制作完毕，现在大家应该能体会到影视作品中再短的片段，也需要经过非常细致的合成与特效制作出来，最后让我们来学习如何将制作好的影片输出为成片。

直接按快捷键 Ctrl+M，在"时间线"窗口中会出现 Render Queue（渲染队列）面板，如图 1-82 所示。

图 1-82

单击 Lossless（无损）链接会弹出 Output Module Settings 对话框，如图 1-83 所示。

在 Format（格式）下拉列表中选择需要输出的格式，默认的格式为无损的 AVI 格式，如图 1-84 所示。

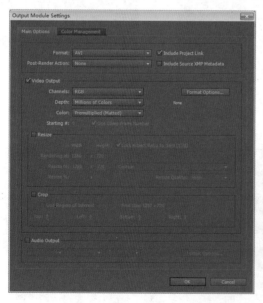

图 1-83   图 1-84

如果项目中有音频，一定要将 Output Module Settings 对话框左下方的 Audio Output（音频输出）选项选中，否则不会输出声音，如图 1-85 所示。

选好格式后，单击 OK 按钮回到 Render Queue（渲染队列）面板，单击 Output To 右侧的地址链接，确定文件输出的位置和名称，如图 1-86 所示。

图 1-85

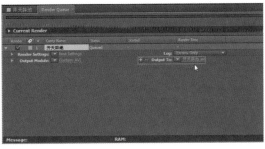

图 1-86

最后单击 Render Queue（渲染队列）面板右侧的 Render（渲染）按钮，开始渲染输出，当渲染进度条结束时，影片就输出完成了。

1.5 本章小结

本章的学习到这里就结束了。通过本书第一个案例的制作，我们感受了合成的基本概念和最基础的操作方法，初识了 After Effects 这款软件的强大后，现在再次对本章的重要知识点做一下归纳和总结。

知识点 1：CG 的概念

CG 原为 Computer Graphics 的英文缩写，是一种使用数学算法将二维或三维图形转化为计算机显示器的栅格形式的科学。

知识点 2：影视后期的概念

"电影特效"是一个泛指称谓，如果从专业角度继续细分，可以分为视觉效果（Visual Effects）和特殊效果（Special Effects）。

知识点 3：After Effects 导入素材和创建合成

导入素材的方法有很多，常用的是在 Project（项目）窗口的空白处双击鼠标左键，弹出素材导入对话框，文件夹也可以导入。

创建合成的方法也很多，其快捷键是 Ctrl+N。

知识点 4：Effects Control（特效控制）窗口和添加特效

在 Project（项目）窗口右边找到 Effects Control（特效控制）窗口，在 Effects Control（特效控制）窗口空白处单击鼠标右键，在弹出的特效菜单中查找添加。

知识点 5：Transform（变换）属性

After Effects 基本关键帧动画都可以在 Transform 属性中完成，包括 Anchor Point（轴心点）、Position（位移）、Scale（大小）、Rotation（旋转）和 Opacity（不透明度）。

知识点 6：关键帧动画的制作

在层属性的前面有一个类似小闹钟的图标，单击该图标，就会在时间指针处添加一个关键帧，把时间指针向后拖曳，在关键帧记录器图标前面有两个三角图标，中间有一个菱形图标，单击该按钮，会再次在时间指针处添加关键帧。

知识点 7：影片的输出

按快捷键 Ctrl+M，默认的格式是无损的 AVI 格式。

第2章 空间的游戏

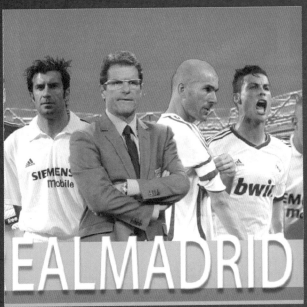

本章学习目标

● After Effects三维空间概论

● After Effects三维空间的搭建

● After Effects摄像机动画的制作

本章先认识After Effects强大的三维空间功能，再制作一个动态海报的案例，旨在让读者掌握三维空间的搭建方法，以及如何制作摄像机的动画。

2.1　After Effects 三维空间概论

下面介绍 After Effects 三维空间的概念。

三维空间中合成对象为我们提供了更广阔的想象空间，同时也产生了更眩、更酷的效果。在制作影视片头和广告特效时，三维空间的合成尤其重要。三维空间中的对象会与其所处的空间互相发生影响，如产生阴影、遮挡等。而且由于观察视角等的关系，还会产生透视、聚焦等影响，即我们平时所说的近大远小、近实远虚的感觉。若想让自己的作品三维感更强，也就是我们常说的有深度感、空间感，只要将三维特性强化、突出即可达到目的，如图 2-1 和图 2-2 所示。

图 2-1

图 2-2

然而 After Effects 和诸多三维软件不同，虽然它也具有三维空间的合成功能，但它只是一个特效合成软件并不具备建模能力，所有的层都像一张纸，只能改变其位置、角度等。要想将一个图层转化为三维图层，在 After Effects 中进行三维空间的合成，只需将对象的 3D 属性打开即可，打开 3D 属性的对象即处于三维空间内。系统在其 X、Y 轴坐标的基础上，自动为其赋予三维空间中的深度概念——Z 轴，在对象的各项变化中自动添加 Z 轴参数，如图 2-3 和图 2-4 所示。

图 2-3

图 2-4

2.2 制作一个足球冠军杯动态海报

2.2.1 三维场景的搭建

下面将通过一个足球冠军杯动态海报的制作，迅速学习 After Effects 的三维场景的搭建方法。首先让我们来欣赏一下完成后的最终效果，如图 2-5 所示。

图 2-5

图 2-5（续）

这是一个足球冠军杯的动态海报，现在这种形式在节目预告、影视预告片中是特别常见的，其实就只是几张图片，但是在 After Effects 三维空间的摄像机作用下，即可让观众得到一种完全不同的三维体验。下面就来制作第一个镜头，如图 2-6 所示。

图 2-6

首先导入素材，在软件界面左上角找到 Project 窗口，这是用来导入和管理素材的地方，如图 2-7 所示。

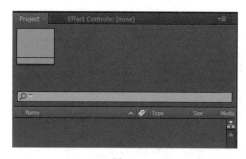

图 2-7

在 Project（项目）窗口的空白处双击鼠标左键，会弹出素材导入窗口，找到 Footage(素材) 文件夹中的 PSD 文件夹，其中大部分是已经处理好的 PSD 文件，还有几张 JPG 文件,选择 Fabio Capello.psd 文件并打开，此时会弹出 Fabio Capello.psd 对话框，用于选择以什么方式导入 PSD 文件，因为 Fabio Capello.psd 文件只有一层，所以就直接以 Footage(素材)的方式导入即可，如图 2-8 所示。

图 2-8

继续导入素材，选择 david2.psd 文件，该素材非常重要，因为它一共有三层（BG、football、david），所以要将这个素材当作合成导入进来，如图 2-9 所示。

图 2-9

最后再导入一张草地素材 grass1.jpg，如图 2-10 所示。

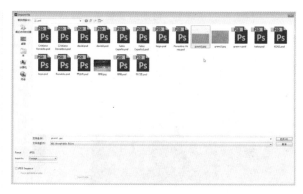

图 2-10

导入素材后即可开始搭建三维场景了，首先新建一个合成。直接按快捷键 Ctrl+N，弹出 Composition Settings（合成设置）窗口，将 Composition Name（合成名称）改为 Champions Club（冠军俱乐部），Duration（持续时间）改为 0:00:10:00，如图 2-11 所示。

图 2-11

在 Project（项目）窗口中出现一个名称为 Champions Club（冠军俱乐部）的合成文件，Composition（合成）窗口会显示合成，Timeline（时间线）窗口上也会出现图层，如图 2-12 所示。

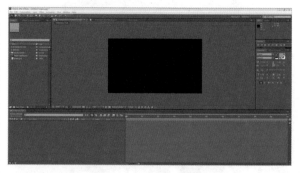

图 2-12

现在首先将草地素材 grass1.jpg 拖入合成，如图 2-13 所示。

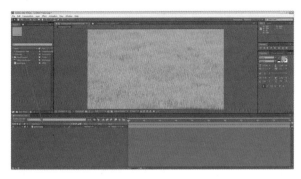

图 2-13

但现在草地层是一个二维的素材，此时要打开层的三维属性开关，单击图层后面立方体标志下的方块图标，如图 2-14 所示。

图 2-14

现在草地层就已经是一个三维层了，按 R 键（旋转的快捷键）打开旋转属性，将 XRotation（X 轴旋转）的值改为 0x−90.0°，垂直于画面的草地层就变成水平状态了，如图 2-15 所示。

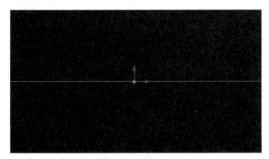

图 2-15

将鼠标指针放在画面中蓝色的轴上，当出现 Z 轴的时候向下拖曳，草地层就向下移动了，草地层的位置数值为 336.0,708.0,−244.0，如图 2-16 所示。

图 2-16

但此时草地层还不够大，按 S 键（缩放的快捷键）打开缩放属性，将 Scale（缩放）的值改为 200.0,200.0,200.0。此时草地层就做好了，现在把人物导进来，将 Fabio Capello.psd 拖进合成，也打开它的三维开关，如图 2-17 所示。

图 2-17

现在人物太大了，而且太靠前，需要调整它的 Scale（缩放）、Position（位置）属性。直接按下 Scale（缩放）的快捷键 S，打开 Scale（缩放）属性，将大小的数值改为 62.0,62.0。按住 Shift 键，同时按下 Position（位置）的快捷键 P，同时打开 Position（位置）属性，将位置的数值改为 1034.0,404.0,184.0，如图 2-18 所示。

图 2-18

图 2-18（续）

现在制作球场背景，在 Project（项目）窗口中双击 david2 合成文件将其打开，如图 2-19 所示。

图 2-19

这是在 Photoshop 软件中就分好层的素材，现在当合成导入进来，想使用哪层直接复制即可。首先选择 BG 层，按快捷键 Ctrl+C 复制，回到 Champions Club（冠军俱乐部）合成中按快捷键 Ctrl+V 粘贴，BG 层就复制好了，同样要打开该层的三维属性，如图 2-20 所示。

图 2-20

但 BG 层的位置和大小都不正确，还要调整它的 Scale（缩放）、Position（位置）属性。直接按下 Scale（缩放）的快捷键 S，打开 Scale（缩放）属性，将缩放的数值改为 150.0,150.0,150。按住 Shift 键，同时按下 Position（位置）的快捷键 P，同时打开 Position（位置）属性，将位置的数值改为 408.0,237.3.0,368.0，如图 2-21 所示。

图 2-21

现在 BG 层虽然靠后了，但还是会穿帮，如果仅仅是依靠放大来解决问题，会影响背景的效果，因此要添加一个特效来弥补。在 Timeline（时间线）窗口中选择 BG 图层，在 Project（项目）窗口右侧找到 Effects Control（特效控制）窗口，如图 2-22 所示。

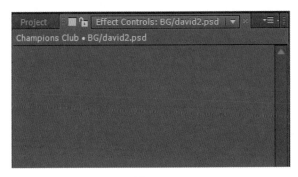

图 2-22

在 Effects Control（特效控制）窗口的空白处单击鼠标右键，在弹出的特效菜单中找到 Stylize（风格化）子菜单，如图 2-23 所示。

图 2-23

在 Stylize（风格化）子菜单中选择 Motion Tile（动态平铺）选项，如图 2-24 所示。

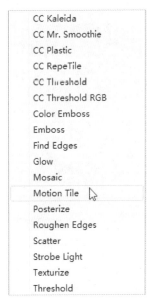

图 2-24

将 Motion Tile（动态平铺）特效属性里的 Output Width（输出宽）、Output Height（输出高）均改为 300，勾选 Mirror Edges(镜像边界)选项，背景制作完毕，如图 2-25 所示。

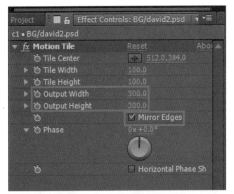

图 2-25

现在开始制作双层看台，直接按下快捷键 Ctrl+Y，新建一个黑色固态层，如图 2-26 所示。

图 2-26

打开其三维属性，并填充一个颜色，在 Effects Control（特效控制）窗口空白处单击鼠标右键，在弹出的特效菜单中选择 Generate（生成）子菜单中的 Fill（填充）选项，然后在特效面板中将 Color 改为橙色，如图 2-27 所示。

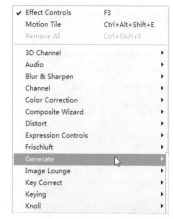

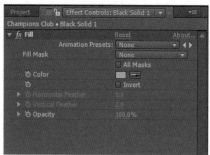

图 2-27

调整固态层的位置和大小，按下 Scale（缩放）的快捷键 S，打开 Scale（缩放）属性，将缩放的数值

改为 1000.0,1000.0,1000.0。按住 Shift 键，同时按下 Position（位置）的快捷键 P，同时打开 Position（位置）属性，将位置的数值改为 640.0,3937.0,328.0，如图 2-28 所示。

图 2-28

再新建一个固态层，打开其三维属性，采用同样的方法添加 Fill（填充），将颜色改为奶茶色，如图 2-29 所示。

图 2-29

将大小的数值改为 604.0,604.0,604.0。按住 Shift 键，同时按下 Position（位置）的快捷键 P，同时打开 Position（位置）属性，将位置的数值改为 640.0,2584.0,296.0，如图 2-30 所示。

图 2-30

看台制作完成，现在开始制作前面的"贝克汉姆"。在 Timeline（时间线）窗口上再次切换到 david2 合成中，如图 2-31 所示。

图 2-31

现在选择 david 层和 football 层，按快捷键 Ctrl+C 复制，再回到 Champions Club（冠军俱乐部）合成中按快捷键 Ctrl+V 粘贴，这两层就复制过来了，还是要开启这两层的三维属性，如图 2-32 所示。

图 2-32

图层的大小不变，但要调整 david 层的位置，直接按下 Position（位置）的快捷键 P，打开 Position（位置）属性，将位置的数值改为 240.0,366.0, -640.0。同样调节 football 层的位置，将 football 层的位置数值改为 -6.4,580.0,-604.0，如图 2-33 所示。

图 2-33

贝克汉姆和教练拉开距离，三维场景已基本搭建好，下面开始制作摄像机动画，如图 2-34 所示。

图 2-34

2.2.2 摄像机动画的制作

首先新建一个摄像机，执行 Layer（图层）菜单中 New（新建）子菜单中的 Camera（摄像机）命令，即可创建摄像机，如图 2-35 所示。

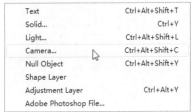

图 2-35

此时弹出 Camera Settings（相机设置）对话框，

找到 Preset（预设）选项，将相机的焦距改为 50mm，然后选中 Enable Depth of Field（启用景深）选项，如图 2-36 所示。

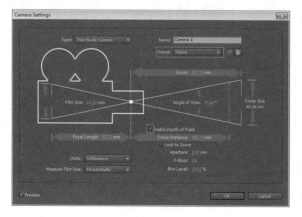

图 2-36

首先要为摄像机的兴趣点、位置、旋转等属性制作动画，将时间指针调整到 0 秒的位置，直接按下 Point of Interest（兴趣点）的快捷键 A，打开关键帧的开关，将兴趣点的数值改为 912.1,260.9,944.0，如图 2-37 所示。

图 2-37

按住 Shift 键，同时按下 Position（位置）的快捷键 P，同时打开 Position（位置）属性，打开关键帧开关，将位置的数值改为 912.1,260.9,-724.7。此时画面是教练的中景，如图 2-38 所示。

图 2-38

图 2-38（续）

在不同的时间继续制作动画，将时间指针放到 10 帧的位置，将兴趣点的数值改为 843.1,297.5,848.0。将位置的数值改为 843.1,297.5,-1000.5，此时画面稍微拉开一点，如图 2-39 所示。

图 2-39

现在将时间指针调到 1 秒 05 帧的位置，并将兴趣点的数值改为 789.7,292.4,859.2。将位置的数值改为 878.4,279.7,-935.8，画面基本保持不变，如图 2-40 所示。

图 2-40

现在将时间指针调到 1 秒 20 帧的位置，继续修改兴趣点的数值为 685.4,331.3,871.4。位置的数值改为 1087.5,241.9,−1020.1，画面还是变化不大，如图 2−41 所示。

图 2-41

现在要将镜头拉开，将时间指针调到 2 秒的位置，将兴趣点的数值改为 459.5,413.3,848.0。将位置的数值改为 459.5,413.3,−2426.9，画面迅速拉开到贝克汉姆的身上，如图 2−42 所示。

图 2-42

保持这种位置一段时间，将时间指针调到 3 秒的位置，继续修改兴趣点的数值为 356.3,394.9,846.6。修改位置的数值为 499.2,337.7,−2424.7，画面变化不大，如图 2−43 所示。

图 2-43

再将时间指针调到 3 秒 20 帧的位置，继续修改兴趣点的数值为 264.4,440.8,841.8。修改位置的数值为 412.6,381.6,−2547.0，画面稍有变化，如图 2−44 所示。

图 2-44

最后在 4 秒的时候，将画面迅速移出镜头，将兴趣点的数值修改为 2105.7,−588.4,492.8。修改位置的数值为 2248.5,−645.6,−2778.5，如图 2−45 所示。

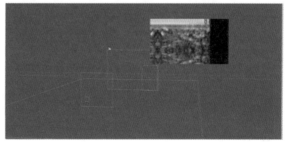

图 2-45

但现在画面中还是有背景，所以要把素材统一截断在 4 秒的位置，选择除了摄像机层以外的所有图层，按快捷键 Alt+]，所有素材都截断在 4 秒的位置，如图 2−46 所示。

图 2-46

现在观察摄像机，动画只有前后的推拉，缺少了动感，因此要给它的 Z 轴制作一些动画，使摄像机的动感更加强烈。将时间轴回到 2 秒的位置，再按住 Shift 键，同时按下 Rotation（旋转）的快捷键 R，同时打开 Rotation（旋转）属性，将 Z 轴的关键帧开关打开，如图 2-47 所示。

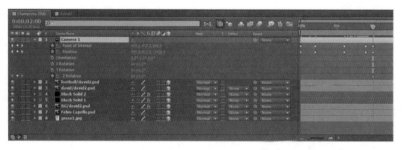

图 2-47

下面将时间指针调到 2 秒 12 帧的位置，将旋转的数值改为 0x+7.0°，如图 2-48 所示。

图 2-48

将时间指针调到 3 秒的位置，将旋转的数值还原为 0x0.0°，如图 2-49 所示。

图 2-49

现在画面没有景深的感觉，单击打开摄像机层左侧的三角形图标，这样可以打开摄像机的全部属性，找到 Focus Distance（对焦距离）选项，将时间指针调到 1 秒 20 帧的位置，把 Focus Distance（对焦距离）的数值改为 1200 Pixels，打开关键帧的开关。再找到 Blur Level（模糊层次）属性，同样打开它的关键帧开关，如图 2-50 所示。

图 2-50

现在将时间指针调到 2 秒的位置，把 Focus Distance（对焦距离）的数值改为 1700 Pixels。再将 Blur Level（模糊层次）属性的数值改为 500%。画面中立即出现了景深的效果，如图 2-51 所示。

图 2-51

现在"镜头 1"的摄像机动画就制作好了，但是画面移动的时候，镜头没有冲击力，这个问题可以通过打开运动模糊属性来解决。首先将所有层后面的运动模糊开关打开，如图 2-52 所示。

图 2-52

但是画面里没有任何改变，这是因为有一个总开关没有打开，单击"时间线"窗口中间的运动模糊总开关图标，画面中镜头运动的地方就出现了强烈的冲击力，如图 2-53 所示。

图 2-53

"镜头 1"的摄像机动画制作完毕。

2.2.3　名字动画和烟尘的合成

现在画面的摄像机动画和景深的感觉都很到位了，但是画面中的元素只有静止的图片，如果能在其中加入一些动态的元素，那么就可以给观众带来以假乱真的效果了。

我们先给贝克汉姆踢的足球制作一个动画，其实像这种镜头是有点模仿时间静止后，物体还在轻微移动的感觉，所以足球的动画不宜太快。将时间指针再次移到 0 秒的位置，选择 football 层，按下 Rotation（旋转）的快捷键 R，打开 Rotation（旋转）属性，将 Z 轴旋转的关键帧开关打开，然后把时间指针移到 4 秒 12 帧的位置，将旋转的数值改为 0x+90.0°。现在足球就有了轻微的动画效果，如图 2-54 所示。

图 2-54

现在为场景添加烟尘素材，在 Project（项目）窗口的空白处双击鼠标左键，弹出素材导入窗口，找到 video 文件夹，其中是视频素材文件，打开后选择"烟尘 1.mov"文件并导入，如图 2-55 所示。

图 2-55

将"烟尘 1.mov"文件拖入合成，打开三维属性开关，将图层混合模式改为 Screen，并打开层的运动模糊开关，如图 2-56 所示。

图 2-56

现在要调整调整"烟尘 1.mov"文件的 Scale（缩放）、Position（位置）属性。直接按下 Scale（缩放）的快捷键 S，打开 Scale（缩放）属性。单击 Scale（缩放）属性前面的"小锁链"图标将其关掉，将缩放的数值改为 –100.0,100.0,100.0，如图 2-57 所示。

图 2-57

按住 Shift 键，同时按下 Position（位置）的快捷键 P，打开 Position（位置）属性，将位置的数值改为 502.0,352.0,–620.0。烟尘效果制作好了，如图 2-58 所示。

图 2-58

最后制作两个人的名字动画，首先选择工具栏中的"文字工具"，在画面中单击即可输入文字：FABIO，输入后可在右边的 Character（文字）面板中调整文字的大小、字体、颜色，并打开它的三维属性开关，如图 2-59 所示。

图 2-59

继续使用"文字工具"输入文字：CAPELLO，更改字体和颜色，同样打开它的三维属性开关，如图 2-60 所示。

图 2-60

现在开始制作教练的名字动画，首先选择 FABIO 层，将时间指针放在 8 帧的位置，按下 Position（位置）的快捷键 P，打开 Position（位置）属性，将位置的数值改为 102.4,336.6,328.0，打开关键帧的开关。将时间指针放在 13 帧的位置，将位置的数值改为 508.4,336.6,328.0。打开文字层的运动模糊属性开关。文字进入动画制作完成，如图 2-61 所示。

图 2-61

但文字不是一直在画面中出现的，当人物转换之后，文字还要离开，所以还要制作它的离开动画。将时间指针放在 1 秒 20 帧的位置，单击位置属性左侧的"添加关键帧"按钮，添加一个默认的关键帧。将时间指针放在 2 秒的位置，将位置的数值改为 −1201.1,336.6,328.0。文字离开动画制作完成，如图 2-62 所示。

图 2-62

采用同样的方法制作另一个文字层的动画，但是需要时间向后错开一点。选择 CAPELLO 层，将时间指针放在 13 帧的位置，将位置的数值改为 100.0,395.0,296.0，打开关键帧的开关。将时间指针放在 18 帧的位置，将位置的数值改为 512.0,395.0,296.0，打开文字层的运动模糊属性。继续将时间指针放在 2 秒的位置，单击位置属性左侧的"添加关键帧"按钮，添加一个默认的关键帧，然后将时间指针放在 2 秒 05 帧的位置，将位置的数值改为 −1513.2,395.0,296.0。第二层的文字动画制作完成，如图 2-63 所示。

图 2-63

再制作两层文字动画，方法也与之前的相同，这里就不再一一赘述了，如图 2-64 所示。

图 2-64

至此，足球冠军杯动态海报的第一个镜头的制作完毕，最终的画面效果动感十足，景深感强，画面中的元素动静结合，别有一番趣味。

2.3　本章小结

本章的学习到这里就结束了。通过本章案例的制作，我们学会了 After Effects 三维空间的搭建方法，感受了 After Effects 三维空间对平面素材的强大处理能力。下面再对本章的重要知识点做一下归纳和总结。

知识点 1：After Effects 三维空间的概念

After Effects 的三维空间仅有合成功能，并不具备建模能力，所有的层都像一张纸，只是改变其位置、角度而已。

知识点 2：三维场景的搭建

要想将一个图层转化为三维图层，只需将对象的 3D 属性开关打开即可。打开 3D 属性的对象即处于三维空间内。系统在其 X、Y 轴坐标的基础上，自动为其赋予三维空间中的深度概念——Z 轴，在对象的各项变化中自动添加 Z 轴参数。

知识点 3：摄像机动画的制作

标准相机的焦距为 50mm，一般都要选中 Enable Depth of Field（启用景深）选项，为摄像机的兴趣点、位置、旋转等属性制作动画。

知识点 4：烟尘的合成

本章只讲了"烟尘 1.mov"文件的合成方法，还有一个 grass-s.PSD 文件制作贝克汉姆踢起泥土的效果，需要用到位置和大小动画，大家可以自己揣摩。

知识点 5：文字动画的制作

选择工具栏里的"文字工具"，直接在画面中单击，即可输入文字，输入完成后可以在右边的 Character（文字）面板中调整文字的大小、字体、颜色等属性。

第3章 色彩的能量

本章学习目标

- 了解After Effects的调色插件Magic Bullet Looks
- 合成一个三维动画片的片头
- 用Photoshop制作漫画效果

本章先让读者认识After Effects最强大的调色插件Magic Bullet Looks，再介绍一个动画片的片头案例，旨在让读者明白三维动画片也需要强大的后期合成与调色技术。

3.1　最强大的插件 Magic Bullet Looks

3.1.1　Magic Bullet Looks 简介

Magic Bullet Looks（魔术子弹）是 After Effects 的最大插件制造商 Red Giant（红巨星）公司出品的调色插件。可以供 After Effects、PR、Vegas、Avid 等软件使用，如图 3-1 所示。

图 3-1

Magic Bullet Looks 是一款优秀的调色插件，包含 200 多种电影风格、MTV 风格，以及其他各式相机色彩风格样式。它属于产品后期处理工具，可以准确展现所有传统胶片电影的特性。产生的结果有多种质量输出方式，适合最高标准电影和播放的专业要求。该插件拥有人性化的设计，为初学者提供了很多预设效果。它也是唯一一款可以单独完成最大限度模拟电影胶片色调感觉的插件。从冷酷、惊艳的动作场面到红色、暖色的浪漫色调，Magic Bullet Looks 完全可以由操作者来决定作品的主题色彩与颜色。Magic Bullet Looks 有独立强大的界面、简化的工具，以及预置选项，完全可以满足制作的需求。强大的控件、皮肤校正和智能分析功能为视频或电影寻找灵感。你可以选择从一个巨大的预设库中寻找专业设计的预设选项，低成本完成高端的电影颜色校正工作，是一个项目的最佳预算方式，如图 3-2 所示。

图 3-2

Magic Bullet Looks 调色套装在 Red Giant（红巨星）公司官网上的售价是 799 美元。

3.1.2　Magic Bullet Looks 的界面

Magic Bullet Looks 调色插件安装完成后，在 After Effects 中选择需要调节的素材并添加该插件效果或者在需要调节的素材上方建立一个该插件效果的调节层（后面的制作案例中会详细说明）即可。在特效窗口单击 Edit 按钮，即可进入该插件独立的工作界面，其界面非常直观，使用也非常简单。常用的预置效果，以当前图片预览形式直接显示，可以直观地看到效果，单击预览图即可将该预设直接应用到相应的素材上，如图 3-3 所示。

图 3-3

值得一提的是，这个插件的工作流程是以实际拍摄的工作流程为准的，分为 5 大步骤，即物体（被拍摄物）、滤色镜插片（镜头前安装的各种效果镜片）、镜头（模拟镜头）、摄影机（模拟胶片曝光的控制和感光）、冲洗（模拟胶片后期冲印工程的调整）。各种效果的添加可以基于这五个步骤，对图像进行精细的调整。在实际胶片拍摄的整个过程中，使用到的对于色彩、曝光、影调控制的手段，在这个软件中几乎都有对应的效果可以模拟出来。对于熟悉摄影的人，尤其是使用过胶片拍摄的人来说，非常好理解。

Magic Bullet Looks 唯一的缺点是不能对指定的色相进行单独的调整，例如把红色改成绿色，只能对图像的亮部、中间调、暗部层次进行分别调整。但这个问题可以使用 After Effects 的 Mask 工具来设定选区，或者与其他色彩控制插件配合使用。也可以使用二级校色插件或第三方插件实现对特定色相的控制调整。

3.2　合成一个三维动画片的片头

3.2.1　素材的合成与调节

前面我们已经认识了 After Effects 最强大的调色插件 Magic Bullet Looks，也了解了 Magic Bullet Looks 的基本界面和功能。下面就让我们来合成一个三维动画片的片头，感受一下 After Effects 调色插件带给我们的色彩能量。首先让我们来欣赏一下完成后的最终效果，如图 3-4 所示。

图 3-4

这是一个表现童年友谊的动画短片，片中四个角色从小一起长大，每个人物个性鲜明，因此用了四种鲜明的色调来区别。下面首先来制作第一个镜头，如图 3-5 所示。

图 3-5

首先导入素材，在软件界面左上角找到 Project 窗口，这是用来导入和管理素材的地方，如图 3-6 所示。

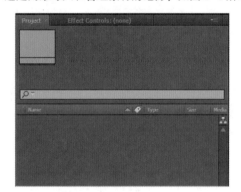

图 3-6

在 Project（项目）窗口的空白处双击鼠标左键，弹出素材导入对话框，找到 c-1 文件夹里的"小惠"文件夹，其中是三维渲染好的序列帧，单击任意一张图片，在左下角选中 JPEG Sequence 选项，即可将序列整体作为动画导入，如图 3-7 所示。

图 3-7

素材带有 Alpha 通道，所以导入时会弹出 Interpret Footage（解释素材）对话框，单击 Guess 按钮，软件会自动识别通道后导入，如图 3-8 所示。

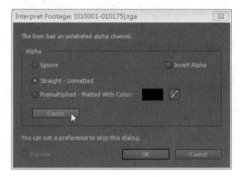

图 3-8

采用同样的方法导入实拍的素材 Clouds.Mov，如图 3-9 所示。

图 3-9

导入素材后开始制作动画，首先还是新建一个合成。因为素材也是三维渲染好的，所以直接使用素材创建合成。直接在 Project（项目）窗口中将名称为 010001-010175 的序列帧拖曳到 Create a new Composition（新建合成）按钮上释放，创建合成，如图 3-10 所示。

在 Project（项目）窗口中会出现一个名为 Comp 的合成文件，Composition（合成）窗口会显示合成，Timeline（时间线）窗口上也会出现图层，如图 3-11 所示。

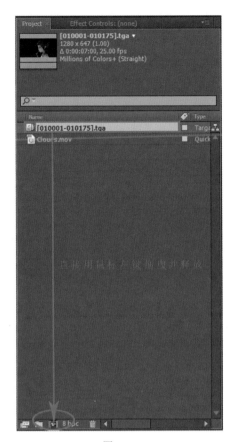

图 3-10

图 3-11

观察素材，素材的总长度为 7 秒，但我们只需要 4 秒，因此要对素材进行裁切。先把时间线上的时间指针放在 4 秒的位置，然后按 N 键，此时你会发现时间线上方的 Work Area（工作区域）缩到了 4 秒的位置，如图 3-12 所示。

图 3-12

将鼠标放在 Work Area（工作区域）上，单击鼠标右键后，在弹出的菜单中选择 Trim Comp to Work Area（修剪合成至工作区域）选项，整个合成的长度就缩短了，如图 3-13 所示。

素材原始的长度

素材裁剪后的长度

图 3-13

现在直接将 Clouds.Mov 素材从 Project（项目）窗口放进 Timeline（时间线）窗口，010001–010175 层在上，Clouds.Mov 层在下，如图 3–14 所示。

图 3-14

因为镜头最终色调定为金黄色，所以尽可能挑选符合条件的素材。但是 Clouds.Mov 素材的大小与合成不匹配，选择素材 Clouds.Mov，按 S 键打开大小的属性，修改数值为 141.0,141.0，缩放至合适的尺寸，如图 3-15 所示。

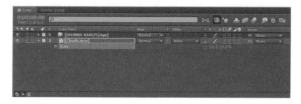

图 3-15

因为稍后要进行整体调色，所以现在不对素材做较大处理，但还是要简单调整画面的亮度。将人物层复制一层，复制图层的快捷键是 Ctrl+D。复制一层后将上面的人物层的混合模式设为 Screen（屏幕），按 T 键，打开透明度属性，将层的透明度改为 50%，如图 3-16 所示。

图 3-16

观察画面变化，原素材的色彩比较灰暗，画面中人物皮肤明显变亮了，如图 3-17 所示。

图 3-17

3.2.2 制作蒲公英吹散的动画

制作物体发散为粒子消失的效果，一般都分为两部分制作，先制作物体消失，再制作粒子按照物体消失的位置发散的效果。所以先使用 Mask（遮罩）工具制作

蒲公英消失的动画，再使用粒子插件制作蒲公英散开的动画。

❶ 蒲公英消失

首先制作蒲公英消失的动画，在软件上方的工具栏中找到"钢笔工具"，直接在层上绘制即可，但刚才因为调整亮度，已经复制了一层，所以要先把两个层合并在一起，选择两个图层，直接按快捷键 Ctrl+Shift+C（预合成的快捷键），弹出 Pre-compose 对话框，如图 3-18 所示。

图 3-18

此时两个图层就会变成一个合成文件，现在选择工具栏中的"钢笔工具"，直接在画面上绘制遮罩，如图 3-19 所示。

图 3-19

因为画面中人物的手在移动，所以我们要给遮罩制作动画，使其跟着人物的手部运动，按下 Mask（遮罩）的快捷键 M，打开 Mask（遮罩）的 Mask Path（遮罩路径）属性，在时间指针 1 秒的位置打开关键帧开关，并在 1 秒 13 帧的位置加一个关键帧，保持遮罩的形状和位置不变，如图 3-20 所示。

在 3 秒的位置调整 Mask 的形状和位置，使其匹配手的位置，如图 3-21 所示。

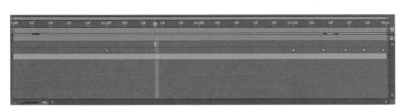

图 3-20　　　　　　　　　　　　　　　　　图 3-21

依次在 3 秒 08 帧、3 秒 14 帧、3 秒 19 帧和 3 秒 24 帧的位置调整 Mask 的形状，一方面匹配手部的移动，另一方面调整形状使蒲公英变少，如图 3-22 所示。

图 3-22

调整完成后按下羽化的快捷键 F，调整羽化数值为 5.0,5.0 Pixels，如图 3-23 所示。

我们需要制作一个蒲公英从有到无的动画，但是，此时动画开始的时候蒲公英也消失了。连续按两次 M 键，打开 Mask 的全部属性，找到 Mask Expansion（遮罩伸缩）属性，如图 3-24 所示。

图 3-23　　　　　　　　　　　　　　　　　图 3-24

为 Mask Expansion（遮罩伸缩）属性制作动画，在时间线 1 秒的位置打开关键帧开关，将 Mask Expansion（遮罩伸缩）属性的数值改为 –9.0 Pixels，然后调整到 1 秒 13 帧的位置将 Mask Expansion（遮罩伸缩）的数值改为 0.0 Pixels，如图 3–25 所示。

图 3-25

至此，蒲公英消失的动画制作完毕，下面制作蒲公英散开的动画。

❷ 蒲公英散开

制作蒲公英散开的动画，需要使用 After Effects 的第三方插件 Particular（粒子）插件，因为粒子插件会在下一章详细介绍，所以这里只介绍简单的方法。首先按新建固态层的快捷键 Ctrl+Y，弹出 Solid Settings 对话框，将名称命名为 Dandelion（蒲公英），颜色改为纯黑色，如图 3-26 所示。

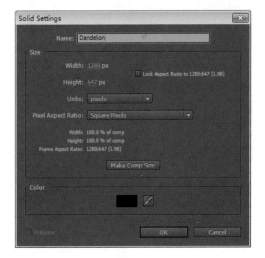

图 3-26

此时时间线上就会出现一个新的图层 Dandelion（蒲公英），如图 3-27 所示。

图 3-27

在 Timeline（时间线）窗口选择 Dandelion（蒲公英）图层，在 Project（项目）窗口右侧找到 Effects Control（特效控制）窗口，如图 3-28 所示。

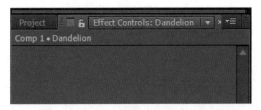

图 3-28

在 Effects Control（特效控制）窗口的空白处单击鼠标右键，在弹出的特效菜单中找到 Trapcode 子菜单，如图 3-29 所示。

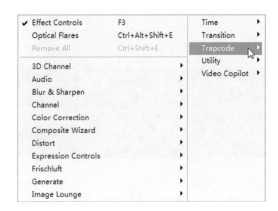

图 3-29

在 Trapcode 子菜单中选择 Particular（粒子）插件选项，如图 3-30 所示。

图 3-30

此时，Particular（粒子）插件就添加到相应的图层中了，如图 3-31 所示。

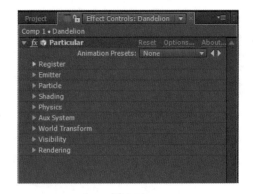

图 3-31

正如此时看到的，Particular（粒子）插件是 After Effects 最强大、最常用的特效插件之一，也正是因为如此，这个插件的属性也比较繁琐，可以调整的参数非常多，因为后面会详细讲述，所以这里只介绍其制作方法。

在 Particular（粒子插件）的属性中找到 Emitter（发射器）选项，单击 Emitter（发射器）选项左侧的三角图标，如图 3-32 所示。

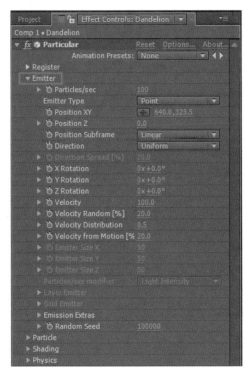

图 3-32

调整前

调整后

图 3-34

现在 Particular（粒子）是向四面八方散开的，所以首先要将粒子的方向调节一下。找到 Direction（方向）选项，将默认的 Uniform（均衡的）改为 Directional（方向的），再找到 Y Rotation（Y 轴旋转）属性，将数值改为 0x-90°，如图 3-33 所示。

将 Emitter（发射器）选项里的 Emitter Type（发射器类型）属性，由默认的 Point（点）改为 Sphere（球体），并将 Emitter X（发射器 X 轴大小）、EmitterY（发射器 Y 轴大小）参数均改为 25，如图 3-35 所示。

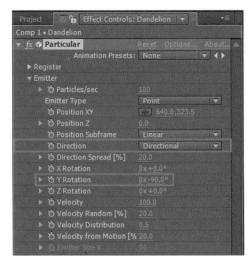

图 3-33

画面中的粒子原本方向是向四面八方发散的，现在就冲着一个方向了，在画面中直接拖曳粒子的中心到蒲公英开始发散的位置，如图 3-34 所示。

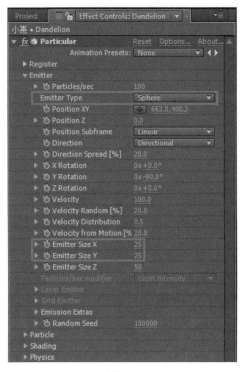

图 3-35

正常情况，手上的蒲公英消失后才会出现粒子，但此时的画面一开始就出现了粒子，因此要给 Emitter（发射器）选项中的 Particle/sec（每秒出现的粒子数量）属性制作动画。在时间线 24 帧的位置添加关键帧，将 Particle/sec（每秒出现的粒子数量）改为 0，按 Page Down 键（下一帧的快捷键）来到 1 秒，将 Particle/sec（每秒出现的粒子数量）改为 100。因为蒲公英会越来越多，所以在 2 秒的位置将 Particle/sec（每秒出现的粒子数量）改为 500，但蒲公英最终会消失，所以在 2 秒 12 帧的位置将 Particle/sec（每秒出现的粒子数量）改为 0，如图 3-36 所示。

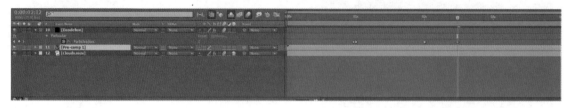

图 3-36

现在粒子的方向和发射时间都没问题了，但是现在的粒子不真实，所以要调节每个粒子的参数。在 Particular（粒子插件）的属性里找到 Particle（粒子）选项，单击 Particle（粒子）选项左侧的三角图标，如图 3-37 所示。

首先将 Particle（粒子）选项中的 Life[sec]（生命值，以"秒"为单位）改为 5，延长粒子出现的时间。然后找到 Particle Type（粒子类型）选项，将默认的 Sphere（球体）改为 Glow Sphere（发光球体），如图 3-38 所示。

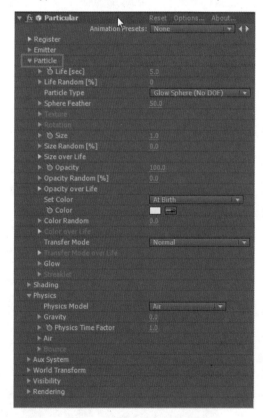

图 3-37

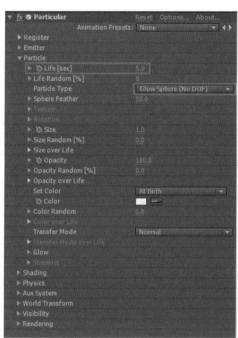

图 3-38

现在调整粒子的大小，找到 Size（尺寸）选项，将数值改为 1，粒子就变小了。但现在粒子的颜色是白色，与蒲公英的颜色不一致，找到 Color 选项，将颜色改为淡青色，如图 3-39 所示。

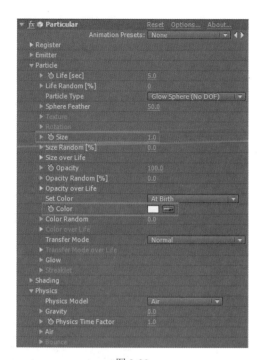

图 3-39

现在粒子的运动路径太直，较轻的物体被风吹散是有飘动感觉的，所以要打开粒子的另一个很重要的属性。在 Particular（粒子插件）的属性里找到 Physics（物理）选项，单击 Physics（物理）选项左侧的三角图标，如图 3-40 所示。

在 Physics（物理）选项中找到 Turbulence Field（紊乱场）选项，将 Turbulence Field（紊乱场）中的 Affect Position（影响位置）数值改为 50.0，如图 3-41 所示。

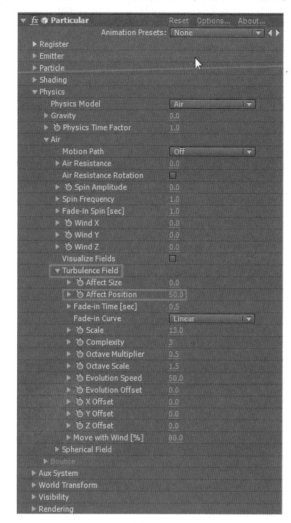

图 3-41

现在粒子就有飘动的感觉了，至此蒲公英吹散动画制作完毕，如图 3-42 所示。

图 3-42

图 3-40

3.2.3 Magic Bullet Looks 整体调色

现在画面虽然比之前好了许多，但整体的色彩感不足，所以这里要借助第三方插件 Magic Bullet Looks 来进行整体调色。要整体调色要先建立一个调节层，直接按新建调节层的快捷键 Ctrl+Alt+Y，出现一个新层，按回车键将层的名称命名为 Looks，如图 3-43 所示。

图 3-43

在 Effects Control（特效控制）窗口空白处单击鼠标右键，在弹出的特效菜单中找到 Magic Bullet Looks 子菜单中的 Looks 选项，如图 3-44 所示。

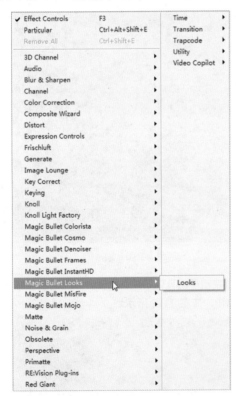

图 3-44

现在就让我们感受一下这款调色插件的威力。添加特效后，在 Effects Control（特效控制）窗口中单击特效上方的 Edit…按钮，如图 3-45 所示。

图 3-45

此时会弹出该插件的独立界面，如图 3-46 所示。

图 3-46

下面来学习使用 Magic Bullet Looks 进行调色的方法，该插件是 After Effects 最好用的调色插件，主要是因为它具有强大的预设和工具箱，将鼠标指针放在插件界面的最左侧会弹出预设面板，如图 3-47 所示。

图 3-47

预设是设置好的不同色彩风格，单击选中即可使用，非常方便。但这些调好的风格不一定十分适合相应的场景，所以一般都会选择相应的工具进行自定义。将鼠标指针放置在界面的最右侧会弹出工具箱，如图 3-48 所示。

图 3-48

　　工具箱共分为 5 组，其中的工具有少许重复，想使用哪个工具直接在其上双击即可，也可以拖曳到下方的空白区域，如图 3-49 所示。

图 3-49

　　此时一共要添加 6 个工具，现在依次来为大家讲解，如图 3-50 所示。

图 3-50

　　首先添加 Plus One Stop（加一站）工具，如图 3-51 所示。

图 3-51

　　将 Plus One Stop（加一站）工具的数值改为 1，画面的亮度增加了，如图 3-52 所示。

图 3-52

　　第二个添加 Curves（曲线）工具，如图 3-53 所示。

图 3-53

　　曲线只调 RGB 模式，如图 3-54 所示。

图 3-54

　　添加的第三个工具是 Saturation（饱和度），如图 3-55 所示。

图 3-55

57

将饱和度的数值加大，改为 112.0%，如图 3–56 所示。

第四个工具添加 Diffusion（[光] 漫射），如图 3–57 所示。

图 3-56

图 3-57

将 Diffusion（[光] 漫射）的数值调整到如图 3–58 所示的状态。

添加的第五个工具是 Vignette（暗角），如图 3–59 所示。

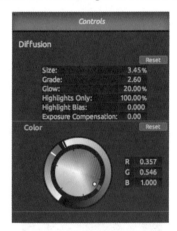

图 3-58

图 3-59

暗角在画面稍微偏左的位置，如图 3–60 所示。

暗角的数值不要太大，效果不要太过明显，如图 3–61 所示。

图 3-60

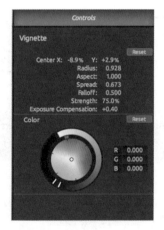

图 3-61

最后再添加一个 Curve（曲线），如图 3-62 所示。

再次在 RGB 选项里调节亮度，并增强画面的对比度，如图 3-63 所示。

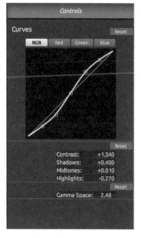

图 3-62　　　　　　　　　　　　　　　　　　图 3-63

至此整个镜头的调色制作完毕，画面的色调协调，光感充足，如图 3-64 所示。

调色前　　　　　　　　　　　　　　　　　　调色后

图 3-64

3.2.4　制作漫画转场效果

先将之前制作动画的最后一帧图片导入 Photoshop 进行漫画效果艺术化加工，再导入 After Effects 中制作摄像机动画，最后制作人物名称的出现动画。

❶ Photoshop 制作漫画效果

首先要将最后一帧输出一张静帧，在软件上方的菜单栏中找到 Composition（合成）菜单，在该菜单中找到 Save Frame As（保存单帧为）子菜单，执行其中的 File 命令即可，如图 3-65 所示。

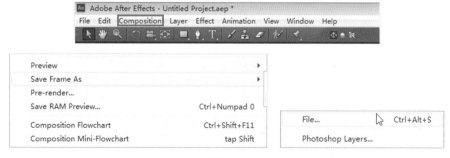

图 3-65

此时会弹出 Render Queue（渲染队列）面板，直接单击 Render Queue（渲染队列）面板右边的 Render（渲染）按钮，即可输出单帧画面，如图 3-66 所示。

图 3-66

输出后直接使用 Photoshop 打开该图像，即可开始制作漫画效果了，如图 3-67 所示。

图 3-67

现在 Photoshop 中只有一层，为了避免丢失原始素材而造成无法挽回的损失，一般制作时不使用原始图层。因此首先将原始层复制一层，按快捷键 Ctrl+J（复制图层的快捷键）即可复制图层，得到"图层 1"，如图 3-68 所示。

图 3-69

把"表面模糊"对话框中的"阈值"改为 8，轻微去除画面中的杂色，如图 3-70 所示。

图 3-68

现在为"图层 1"添加滤镜效果。在 Photoshop 软件上方的菜单栏中，执行"滤镜"菜单中"模糊"子菜单下的"表面模糊"命令，如图 3-69 所示。

图 3-70

继续添加滤镜效果，在 Photoshop 软件上方的"滤镜"菜单中执行"滤镜库"命令，在出现的"滤镜库"对话框中，找到"艺术效果"选项，单击左侧的三角形图标，如图 3-71 所示。

图 3-71

在"艺术效果"列表中找到"木刻"效果，将木刻效果的"色阶数"改为 7，"边缘简化度"为 2，"边缘逼真度"为 3，如图 3-72 所示。

图 3-72

将添加木刻效果后的"图层 1"再复制一层，还是按快捷键 Ctrl+J 进行复制。现在得到"图层 1 副本"，将"图层 1"的混合模式改为"叠加"，如图 3-73 所示。

图 3-73

现在画面的对比度加强了，但需要再强一点，选择中间的"图层 1"，执行"色阶"命令，直接按快捷键 Ctrl+L（色阶的快捷键），将输入色阶左边的值改为 35，将输入色阶右边的值改为 235，如图 3-74 所示。

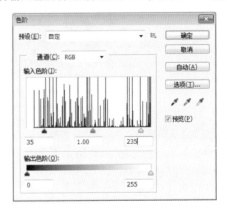

图 3-74

现在选择原始的背景层，按快捷键 Ctrl+J 复制一层，得到"背景副本"层，将该层放在所有层的顶部，如图 3-75 所示。

图 3-75

直接按快捷键 Ctrl+Shift+U（去色的快捷键），使图层变成黑白效果，如图 3-76 所示。

图 3-76

现在为背景副本层添加滤镜效果，在"滤镜"菜单中执行"滤镜库"命令，出现"滤镜库"面板，找到艺术效果选项，单击左侧的三角形图标，如图 3-77 所示。

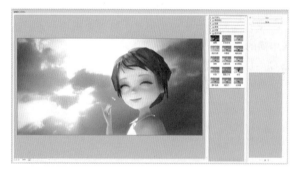

图 3-77

在艺术效果选项中找到"海报边缘"效果，保持海报边缘效果的"边缘厚度"参数不变，依然为 2，调整"边缘强度"参数为 1，"海报化"参数为 6，如图 3-78 所示。

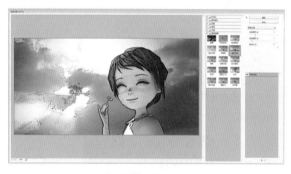

图 3-78

单击"确定"按钮添加滤镜效果，现在将"背景副本"层的混合模式改为"柔光"，画面的边缘上就有了比较清晰的轮廓线，如图 3-79 所示。

图 3-79

还是选择背景层，按快捷键 Ctrl+J 再复制一层，得到"背景副本 2"层，直接按快捷键 Ctrl+Shift+U（去色的快捷键），使"背景副本 2"层变成黑白效果，将该层放在所有层的顶部，如图 3-80 所示。

图 3-80

进入"通道"面板，按住 Ctrl 键，单击在"通道"面板中的 RGB 层，画面中出现选区，如图 3-81 所示。

图 3-81

层添加一个蒙版，如图 3-84 所示。

图 3-84

单击"删除图层"按钮，将"背景副本 2"层删除，单击"新建图层"按钮新建一层，如图 3-82 所示。

图 3-82

选择新建的"图层 2"层，按快捷键 Ctrl+Shift+I 将选区反向。按快捷键 Ctrl+Delete（填充背景色的快捷键）填充黑色，使"图层 2"层变成黑白效果，如图 3-83 所示。

现在为"图层 2"添加滤镜效果，执行"滤镜"菜单下"像素化"子菜单中的"彩色半调"命令，如图 3-85 所示。

图 3-85

在弹出的对话框中不必改变滤镜的数值，直接单击"确定"按钮添加滤镜即可，如图 3-86 所示。

图 3-83

不要关闭选区，直接单击"添加蒙版"按钮为该图

图 3-86

直接按快捷键 Ctrl+I（反向的快捷键），如图 3-87 所示。

图 3-87

将"图层 2"的层混合模式改为"柔光"，"不透明度"改为 50，如图 3-88 所示。

图 3-88

最终完成 Photoshop 漫画效果的制作，将其直接保存为 PSD 格式，如图 3-89 所示。

图 3-89

❷ 制作摄像机动画

首先将时间线延长，以制作后边的动画，按快捷键 Ctrl+K（合成设置的快捷键）打开 Composition Settings 对话框，找到 Duration（持续时间）选项，现在时间是 0:00:04:00（4 秒），将时间改为 0:00:05:00（5 秒），如图 3-90 所示。

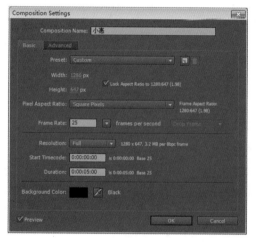

图 3-90

现在时间线延长了，直接将 Photoshop 漫画效果的图片导入 After Effects，直接使用素材方式导入，不必分层，如图 3-91 所示。

图 3-91

直接将"小惠.PSD"拖进合成，并放在顶层，因为转场动画从 4 秒开始，所以先把时间指针放在 4 秒的位置，选择"小惠.PSD"层，按"["键（对齐当前时间的快捷键），使素材从 4 秒开始，如图 3-92 所示。

图 3-92

现在新建一个摄像机，执行 Layer（图层）菜单中 New（新建）子菜单中的 Camera（摄像机）命令创建摄像机，如图 3-93 所示。

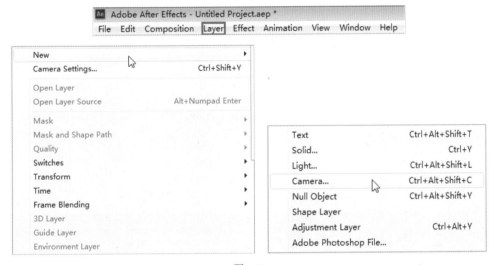

图 3-93

弹出 Camera Settings（相机设置）对话框，找到 Preset（预设）选项，将相机的焦距改为 35mm，并选中下方的 Enable Depth of Field（启用景深）选项，如图 3-94 所示。

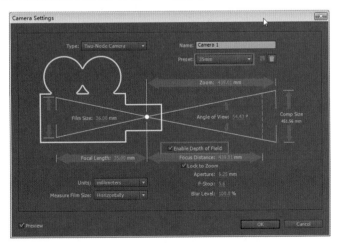

图 3-94

修改好属性后，单击 OK 按钮，时间线上就出现了摄像机层，如图 3-95 所示。

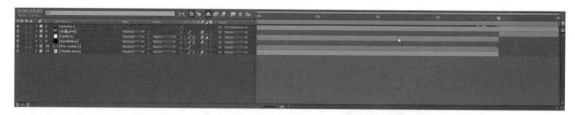

图 3-95

如果直接给摄像机做动画会比较麻烦，所以新建一个空物体作为摄像机的控制器。执行 Layer（图层）菜单中 New（新建）子菜单下的 Null Object（空物体）命令，此时时间线上会出现空物体层，如图 3-96 所示。

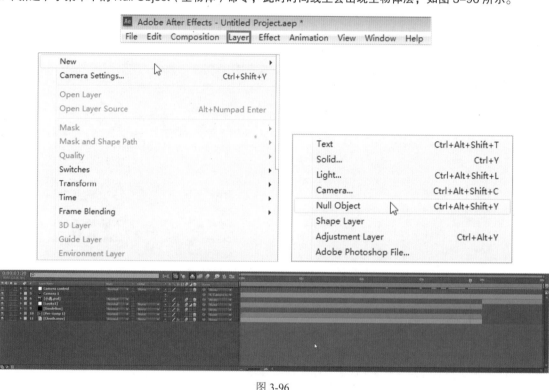

图 3-96

因为摄像机只能在三维空间产生作用，所以现在将所有层的三维层属性开启（除了粒子层），并且将摄像机的父子关系定义给空物体，如图 3-97 所示。

图 3-97

现在给空物体制作动画。选择空物体层直接按下 Position（位置）的快捷键 P，打开 Position（位置）属性，将时间指针放在 3 秒 20 帧的位置，给位置属性定义一个关键帧，位置的值为 640.0,323.5,0.0。将时间指针放在 4 秒，将位置的值修改为 640.0,309.5,266.0。

画面中出现了向前冲的动画，但效果过于呆板，所以要增加摄像机旋转的动画。按住 Shift 键，同时按下 Rotation（旋转）的快捷键 R，同时打开 Rotation（旋转）属性。将时间指针放在 3 秒 20 帧的位置，为 Z 轴的旋转属性定义关键帧，旋转的数值为 0x+0.0°。将时间指针放在 4 秒的位置，将旋转的数值改为 0x+5.0°。最后将时间指针放在 4 秒 24 帧的位置，将旋转的数值改为 0x+7.0°。此时画面就出现了旋转的摄像机动画，如图 3-98 所示。

图 3-98

③ 制作人物姓名动画

首先建立两个固态层，直接按快捷键 Ctrl+Y（新建固态层快捷键）建立固态层，分别命名为 Left card（左边卡片）和 Right Card（右边卡片），颜色分别为桃红色和淡粉色，如图 3-99 所示。

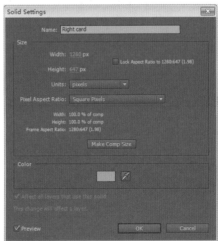

图 3-99

选择工具栏里的"钢笔工具"，分别在固态层上绘制两个四边形遮罩，如图 3-100 所示。

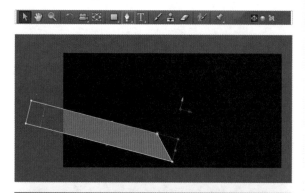

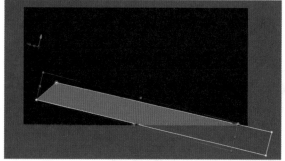

图 3-100

选择 Left card（左边卡片）层，按 T 键打开 Opacity（不透明度）属性，将 Left card（左边卡片）的透明度改为 85%；选择 Right Card（右边卡片）层，同样按下 T 键，打开 Opacity（不透明度）属性，将 Left card（左边卡片）的透明度改为 55%，如图 3-101 所示。

图 3-101

现在为两个固态层制作出现动画，选择 Left card（左边卡片）层，打开 Effects Control（特效控制）窗口，在空白处单击鼠标右键，在弹出的特效菜单，进入 Transition（转场）子菜单，如图 3-102 所示。

图 3-102

在 Transition（转场）子菜单中选择 Linear Wipe（线性擦除）选项，如图 3-103 所示。

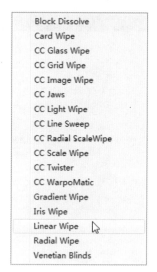

图 3-103

首先将时间指针放在 3 秒 20 帧的位置，选择 Left card（左边卡片）层，按下"["键，Left card（左边卡片）层开始的位置就对齐时间指针了，然后在 Effects Control（特效控制）窗口中的 Linear Wipe（线性擦除）属性里找到 Transition Completion（转换完成）选项，开启关键帧开关，将 Transition Completion（转换完成）的值改为 100，将 Wipe Angle 的值改为 0x-65.0°。此时 Left card（左边卡片）层就消失了，如图 3-104 所示。

图 3-104

将时间指针放在 4 秒的位置，选择 Left card（左边卡片）层，将 Transition Completion（转换完成）的值改为 0。此时 Left card（左边卡片）层就出现了，如图 3-105 所示。

图 3-105

继续选择 Right Card（右边卡片）层，在 Effects Control（特效控制）窗口空白处单击鼠标右键，在弹出的特效菜单中选择 Transition（转场）子菜单中的 Linear Wipe（线性擦除）选项，如图 3-106 所示。

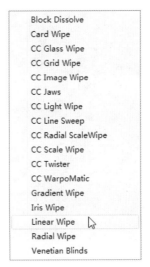

图 3-106

同样将时间指针放在 3 秒 20 帧的位置，选择 Right Card（右边卡片）层，按下"["键，Right Card（右边卡片）层开始的位置也就对齐时间指针了。同样，进入 Effects Control（特效控制）窗口，在 Linear Wipe（线性擦除）属性中找到 Transition Completion（转换完成）选项，开启关键帧开关，将 Transition Completion（转换完成）的值改为 100，将 Wipe Angle 的值改为 0x-65.0°，此时 Right Card（右边卡片）层就也消失了。再将时间指针放在 4 秒的位置，选择 Right Card（右边卡片）层，将 Transition Completion（转换完成）的值改为 0，此时 Right Card（右边卡片）层就出现了，如图 3-107 所示。

图 3-107

名称的制作方法也是相同的。首先选择工具栏里的"文字工具"，直接在画面中单击，即可输入文字："小惠"，输入完成后可以在右边的 Character（文字）面板中调整文字的大小和字体，如图 3-108 所示。

图 3-108

现在为名字层制作动画，选择"小惠"（文字）层，同样打开 Effects Control（特效控制）窗口，在空白处单击鼠标右键，在弹出的特效菜单中选择 Transition（转场）子菜单下的 Linear Wipe（线性擦除）选项，如图 3-106 所示。先将时间指针放在 3 秒 20 帧的位置，选择"小惠"层，按下"["键，"小惠"（文字）层开始的位置也就对齐时间指针了。在 Effects Control（特效控制）窗口中，找到 Linear Wipe（线性擦除）属性中的 Transition Completion（转换完成）选项，打开关键帧开关，将 Transition Completion（转换完成）的值改为 100，将 Wipe Angle 的值改为 0x-65.0°，此时"小惠"（文字）层也消失了。再将时间指针放在 4 秒的位置，选择"小惠"层，将 Transition Completion（转换完成）的值改为 0，此时"小惠"（文字）层就出现了，如图 3-109 所示。

图 3-109

　　最后要打开 Left card（左边卡片）层、Right Card（右边卡片）层、"小惠"（文字）层的三维属性开关，并打开层的"运动模糊"属性，转场时镜头的立体感就会出现了，如图 3-110 所示。

　　至此"镜头 1"完全制作完毕，由此可见，一个好的镜头是通过许多元素和细节堆砌而成的，如图 3-111 所示。

图 3-110

图 3-111

3.3　本章小结

　　本章的学习到这里就结束了，通过本章一个动画片头案例的制作，我们感受了调色的基本概念和最基础的操作方法，并且初识了 Magic Bullet Looks 这款插件的强大功能。下面再次对本章的重要知识点做一下归纳和总结。

知识点 1：Magic Bullet Looks 的介绍

　　Magic Bullet Looks 是一款优秀的调色插件，包含 200 多种电影风格、MTV 风格，以及其他各式相机色彩风格样式。它属于产品后期处理工具，可以充分展现出所有传统胶片电影的特性。

知识点 2：蒲公英散开的动画制作

先制作物体消失效果，再制作粒子按照物体消失的位置发散效果，所以要先使用 Mask（遮罩）工具制作蒲公英的消失动画，再使用粒子插件制作蒲公英散开的动画。

知识点 3：Magic Bullet Looks 整体调色

Magic Bullet Looks 可以被称为 After Effects 最好用的调色插件，主要是因为它具有强大的预设和工具箱。将鼠标指针放在软件界面的最左侧会弹出预设选项；将鼠标指针放在软件界面的最右侧会弹出工具箱。

知识点 4：Photoshop 制作漫画效果

在 Photoshop 中通过一系列滤镜的效果与图层的叠加模式，即可实现手绘的漫画风格，但别忘了最后使用蒙版制作网点纸的效果。

知识点 5：摄像机动画的制作

一般摄像机的运动要有一个空物体作为控制器，摄像机中的物体一定都要打开三维属性开关，同时打开"运动模糊"属性会加强摄像机的冲击力。

知识点 6：名字动画的制作

熟悉 Effects Control（特效控制）窗口中 Linear Wipe（线性擦除）特效的用法。

第4章　百变的颗粒

本章学习目标

● 了解After Effects的插件家族 Trapcode Suite

● After Effects常用的插件Trapcode Particular

● 利用Trapcode Particular制作雨天场景

本章先让读者认识After Effects最常用的插件 Trapcode Particular，再介绍一个雨景的案例，旨在让读者了解粒子插件的强大功能。

4.1 After Effects 最常用的插件 Trapcode Particular

4.1.1 Trapcode Suite 套装详解

Trapcode Suite 套装一共包含 10 种 After Effects 滤镜特效软件，其中包含了 Particular、Form、 Shine、3D Stroke、Starglow、Mir、Lux、Sound Keys、Horizon、 Echospace，其主要的功能是在影片中建造独特的粒子与光影变化效果，当然也包括了声音的编修，以及摄影机的控制等功能。拥有 Trapcode 的 10 个滤镜，相信可以为你的影片带来更加丰富的光影粒子效果，让观众留下更深刻的印象。Trapcode Suite 套装在 Red Giant（红巨星）公司官网上的售价是 899 美元，如图 4-1 所示。

图 4-1

下面来一一介绍 Trapcode Suite 强大家族的成员们。

❶ Trapcode Particular

Particular 是一个 3D 粒子系统，它可以产生各种各样的自然效果，例如烟、火、闪光等，也可以产生有机的和高科技风格的图形效果，它对于运动的图形设计是非常有用的，如图 4-2 所示。

图 4-2

❷ Trapcode Form

Form 和 Particular 有些地方很类似，也是一个基于网格的三维粒子插件，可以用它制作液体、复杂的有机图案、复杂的几何学结构和涡线动画效果。将其他层作为贴图，使用不同参数，可以进行无止境的独特设计。此外，还可以用 FORM 制作音频的可视化效果，为音频加上惊人的视觉效果。Form 还可以制作文字溶解成沙、舞动的烟特效、轻烟"流"动、标志着火、吉他附着水滴的波纹等效果，其最强大的功能是它可以导入 OBJ 格式的三维模型，将三维模型粒子化，如图 4-3 所示。

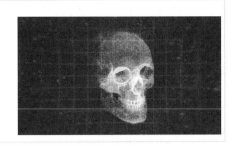

图 4-3

③ Trapcode Shine

Shine 是一个能在 After Effects 中快速制作各种炫光效果的滤镜，这样的炫光效果可以在许多电影片头中看到，有点像 3D 软件中的质量光（Volumetric Light），但实际上它是一种 2D 效果。Shine 提供了许多特别的参数，以及多种颜色调整模式。在 Shine 推出之前，这样的效果必须在 3D 软件里制作，或用其他效率不高的 2D 合成软件制作，耗费大量时间，如图 4-4 所示。

图 4-4

④ Trapcode 3D Stroke

3D Stroke 可以凭借多个蒙版的路径计算出质体的笔画线条，并且可以自由地在 3D 的空间中旋转或移动。路径可以以 3D 的方式呈现，并且很容易制作动画。自从 After Effects 允许直接复制 Adobe Illustrator 的路径作为蒙版后（当然，先决条件是你的计算机必须同时执行这两个程序），你更可以自由地发挥你的艺术想象力，并且线条不会因为角度的原因而消失。Repeater（重复）工具可以将你所画的路径作为 3D 空间的复制品，并且能设定旋转、位移，以及缩放的程度。3D Stroke 还包含了 Motion Blur（动态模糊）的功能，因此当线条快速移动的时候，动画看起来仍然非常流畅。内建的 Transfer Mode 功能可以轻易地在一个图层中叠加出许多效果，还有 Bend（弯曲）和 Taper（锥形）功能，可以让你在 3D 空间中自由地将笔画弯曲变形，如图 4-5 所示。

图 4-5

⑤ Trapcode Starglow

Starglow 是一个能在 After Effects 中快速制作星光闪耀效果的滤镜，它能为影像中高亮度的部分加上星形的闪耀效果。而且可以分别指定 8 个闪耀方向的颜色和长度，每个方向都能被单独地赋予颜色贴图并调整强度。这样的效果看起来类似 Diffusion（光的漫射）滤镜，它可以为你的动画增加真实性，或是制作出全新的梦幻效果，甚至模拟镜头效果（Lens Artifacts），如图 4-6 所示。

图 4-6

⑥ Trapcode MIR

Trapcode MIR 可以创建快速渲染上的 OpenGL 三维形状，例如，分形噪声、失真、纹理映射、重复几何、影响光集成等。MIR 能生成对象的阴影或流动的有机元素、抽象景观和星云结构，以及精美的灯光和深度的动画，灵活和有趣的动作设计为你的后期制作增添一份色彩，如图 4-7 所示。

图 4-7

⑦ Trapcode LUX

LUX 利用 After Effects 内置的灯光来创建点光源的可见光效果，LUX 可以读取 After Effects 中所有灯光中的所有参数，如图 4-8 所示。

图 4-8

⑧ Trapcode Sound Keys

Sound Keys 是 After Effects 的一个关键帧发生器插件，它允许在音频频谱上直观地选择一个范围，并能将已选定频率的音频能转换成一个关键帧串，它可以非常方便地制作出音频驱动的动画。Sound Keys 与来自于 After Effects 的关键帧发生器有着根本的不同，它们（如 Wiggler、Motion Sketch 等）有着自己的调色板，而 Sound Keys 被应用于制作一个有规律的效果，并且用它的输出参数生成关键帧，然后用一个表达式连接，这种方式的优点是插件所有的设置可以与工程文件一同被保存，如图 4-9 所示。

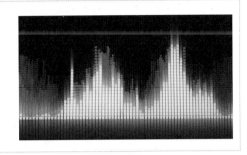

图 4-9

⑨ Trapcode Horizon

Trapcode Horizon 是 After Effects 的一个轻松制作三维场景的插件，如图 4-10 所示。

图 4-10

⑩ Trapcode Echospace

Echospace 是 Trapcode 公司开发的三维运动模式创建插件，应用于 After Effects 视频编辑软件中，它可以为各种类型的图层（例如视频层、文字层、图像层）创建三维运动效果。Trapcode Echospace 插件通过其内置的 Repeat（重复）功能，对原始图层进行复制，创建出若干个新的图层。这些新图层和普通的 After Effects 图层相同，也可以产生阴影和交叉效果。所有复制层都会自动产生运动表达式，这些运动表达式的参数设置与 Echospace 特效参数设置相关联，不同的参数设置表现出不同的运动模式与效果。值得注意的是，所有复制层的运动表达式是自动产生的，完全不需要手工输入表达式，真正实现快捷、简便，如图 4-11 所示。

图 4-11

4.1.2　Trapcode Particular 的概念

　　Trapcode Particular（粒子插件）是 After Effects 最大的插件制造商 Red Giant（红巨星）公司出品的特效插件包 Trapcode Suite（插件套装）中最常用的一款三维粒子插件，如图 4-12 所示。

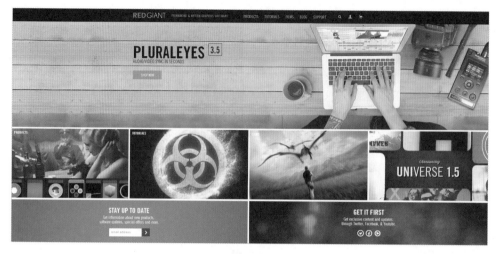

图 4-12

　　Trapcode Particular 是 After Effects 的一个 3D 粒子系统，其可以产生各种各样的自然效果，例如烟、火、闪光等。也可以产生有机的和高科技风格的图形效果，Trapcode Particular 对于运动的图形设计是非常有用的。将其他层作为贴图，使用不同参数，可以进行无止境的独特设计。Trapcode Particular 在 Red Giant（红巨星）公司官网上的售价是 399 美元，如图 4-13~ 图 4-16 所示。

图 4-13

图 4-14

图 4-15

图 4-16

4.2　Trapcode Particular 制作雨天场景

4.2.1　画面的景深与调色

　　上面我们已经认识了 Trapcode Suite 套装家族，也了解了 After Effects 最常用的特效插件 Trapcode Particular，下面来制作一个雨天的场景，感受一下 After Effects 粒子插件的百般变化。首先欣赏一下完成后的最终效果，如图 4-17 所示。

图 4-17

这是一个表现古镇的三维动画短片，片中古镇所在的四川下雨天非常多，因此许多镜头都有雨景，如果用 Real Flow 插件制作虽然会比较真实，但是计算和渲染的内容会非常耗费资源，因此我们采用最有效率的方法，雨水就使用 After Effects 自带的 CC Rain Fall（CC 降雨）效果，而使用 Trapcode Particular（粒子）插件来制作房檐滴下来的雨水，下面先来制作第一个镜头。

首先还是导入素材，在软件界面左上角找到 Project（项目）窗口，这是用来导入和管理素材的地方，如图 4-18 所示。

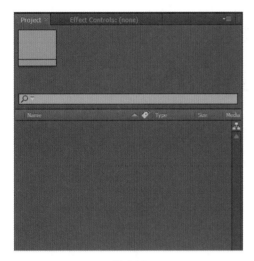

图 4-18

在 Project（项目）窗口的空白处双击左键，弹出素材导入对话框，找到 Footage 文件夹中的"后巷子"文件夹，其中是三维渲染好的序列帧，选中任意一张图片，在左下角选中 Targa Sequence 选项，即可将序列作为动画导入，如图 4-19 所示。

图 4-19

这些素材带有 Alpha 通道，所以导入时还会弹出 Interpret Footage（解释素材）对话框，单击 Guess 按钮，软件会自动识别通道后导入，如图 4-20 所示。

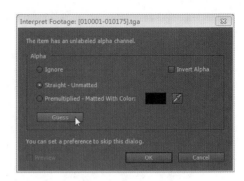

图 4-20

导入序列后开始制作动画。新建一个合成，直接使用素材来创建合成，用鼠标在 Project（项目）窗口中将名称为 10000~10300 的序列帧拖曳到 Create a new Composition（新建合成）按钮上创建合成，如图 4-21 所示。

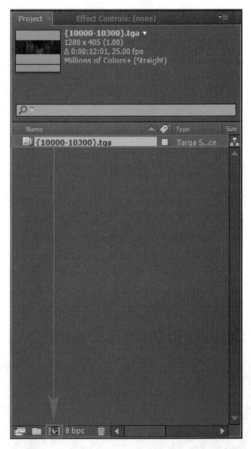

图 4-21

在 Project（项目）窗口中会出现一个名为 Comp 的合成文件，Composition（合成）窗口会显示合成，Timeline（时间线）窗口上也会出现图层，如图 4-22 所示。

图 4-22

继续采用同样的方法导入在 Footage 文件夹中"天空"子文件夹中的天空序列帧素材，如图 4-23 所示。

图 4-23

将天空序列帧素材拖曳入合成，放在后巷层的下面，如图 4-24 所示。

图 4-24

此时发现天空层的素材明显短了一些，播放到后面就没有内容了，为了匹配后巷素材的长度要给天空层做变速处理。首先选择下面的天空层，然后右击该层，在弹出的快捷菜单中执行 Time（时间）子菜单下的 Time Stretch（时间伸缩）命令，如图 4-25 所示。

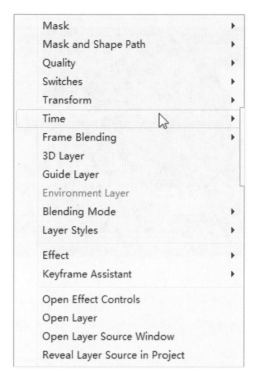

移动前的穿帮现象

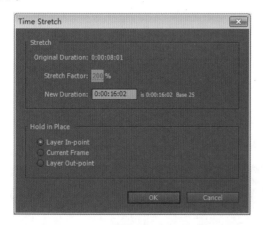

向右移动后解决

图 4-27

图 4-25

现在会弹出 Time Stretch（时间伸缩）对话框，将 Stretch Factor（拉伸系数）的值改为 200，如图 4-26 所示。

场景的前景和背景合成好了，但现在画面中的前、后景没有虚实的对比，下面为画面添加景深效果。首先在 Footage 文件夹中的"景深通道"子文件夹找到文件，采用同样的方法导入序列帧文件。导入后将景深通道拖入合成中，并放到底层，如图 4-28 所示。

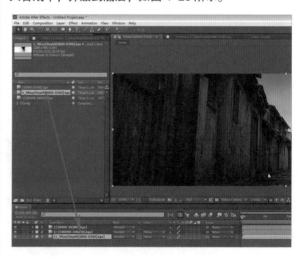

图 4-26

现在时间长度上没有问题了，然而由于天空素材稍微小了一点，所以要将素材向右移动一点就不会穿帮了，如图 4-27 所示。

图 4-28

选择第一层"后巷"图层，在 Project（项目）窗口右边找到 Effects Control（特效控制）窗口，如图 4-29 所示。

图 4-29

在 Effects Control（特效控制）窗口的空白处单击鼠标右键，在弹出的特效菜单中进入 Frischluft 子菜单，如图 4-30 所示。

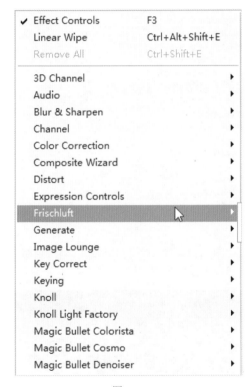

图 4-30

在 Frischluft（新鲜的）子菜单中选择 FL Depth Of Field（景深插件）选项，如图 4-31 所示。

图 4-31

此时景深特效就添加上了，首先找到 Depth Layer 选项，在 None（没有）下拉列表中选择景深通道层，如图 4-32 所示。

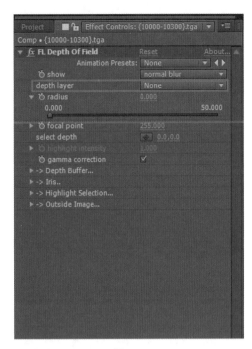

图 4-32

将 Radius（半径）属性的值改为 3，画面的远处出现了模糊效果，如图 4-33 所示。

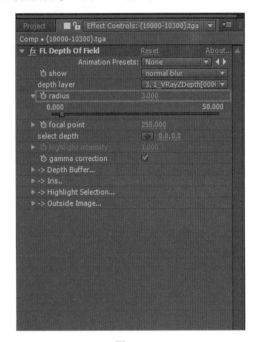

图 4-33

在 Effects Control 窗口中找到 Select Depth 属性，单击后面的瞄准器图标，并在画面中近处的景物上单击，此时前景变清晰，远处变模糊，如图 4-34 所示。

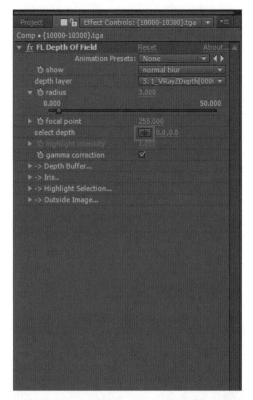

图 4-34

景深调节好后，下面为画面调色，使用上一章学习的调色插件 Magic Bullet Looks 来进行整体调色。要整体调色需要先建立一个调节层，直接按新建调节层的快捷键 Ctrl+Alt+Y，出现一个新层，按回车键将层的名称命名为 Looks，如图 4-35 所示。

图 4-35

选择调节层，在 Effects Control（特效控制）窗口空白处单击鼠标右键，在弹出的特效菜单中选择 Magic Bullet Looks 子菜单中的 Looks 选项，如图 4-36 所示。

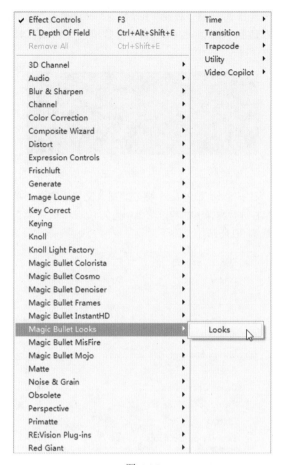

图 4-36

添加特效后，在 Effects Control（特效控制）窗口中单击特效上方的 Edit…按钮，如图 4-37 所示。

图 4-37

此时会弹出 Looks 的独立界面，如图 4-38 所示。

图 4-38

首先添加 Gradient（渐变）工具，如图 4-39 所示。

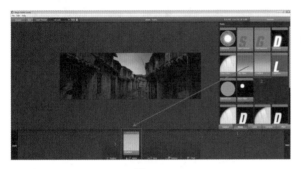

图 4-39

将 Gradient（渐变）工具的色彩改为冷色，并放在画面中央，主要功能是将天空的亮度压暗，如图 4-40 所示。

图 4-40

再添加 Diffusion（[光]漫射）工具，为画面增加一点朦胧的光效，如图 4-41 所示。

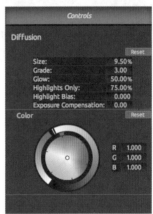

图 4-41

再添加 Sky Filter（天光镜）工具，如图 4-42 所示。

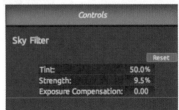

图 4-42

最后添加 Vignette（暗角）工具，将画面四周调暗，如图 4-43 所示。

图 4-43

至此整体调色完毕，单击 OK 按钮回到合成。看一下前后对比，可以明显感受到调色和景深的作用，如图 4-44 所示。

调整景深前

调整景深后

图 4-44

4.2.2　雨景的制作

雨景的制作分为两部分，首先使用 After Effects 自带的 CC Rain Fall（CC 降雨）来制作雨水，然后使用 Trapcode Particular(粒子)插件制作房檐滴下来的雨水。

首先新建一个固态层，直接按新建固态层的快捷键 Ctrl+Y，弹出 Solid Settings 对话框，将名称命名为 rain（雨），Width（宽）设置为 1280，Height（高）设置为 405，颜色改为纯黑色，如图 4–45 所示。

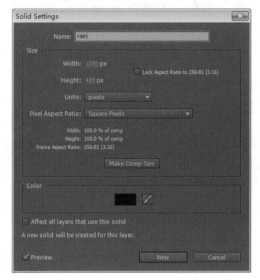

图 4-45

在 Effects Control（特效控制）窗口的空白处单击鼠标右键，在弹出的特效菜单中进入 Simulation（仿真）子菜单，如图 4–46 所示。

图 4-46

在 Simulation（仿真）子菜单中选择 CC Rainfall（CC 降雨）选项，如图 4-47 所示。

图 4-47

该特效基本不需要太多的修改就已经很真实了，只需要将 Speed（速度）的值从默认的 4000 改为 1000，即可让雨水的密度降低，如图 4-48 所示。

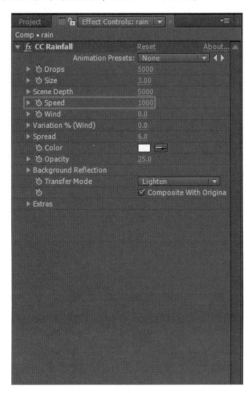

图 4-48

如果只有一层雨水，未免显得单薄而没有层次感，所以需要再复制一层小一点的雨水，选择 Rain 层，直接按快捷键 Ctrl+D 复制图层，如图 4-49 所示。

图 4-49

现在将复制图层的雨水特效稍微修改一下，首先将雨水的大小调小，找到 Size 选项，将数值改为 1，继续找到 Extras（额外的）选项，单击属性左侧的三角形图标，在展开的选项里找到 Random Seed（随机种子）选项，将它的值改为 200，这样复制的雨水就不会和之前的雨水重合在一起了，如图 4-50 所示。

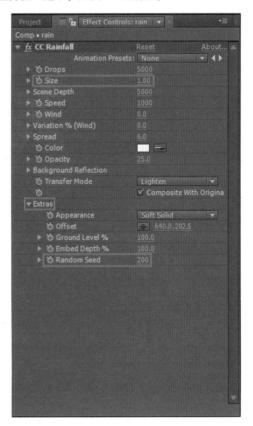

图 4-50

雨水特效制作完毕，如图 4-51 所示。

图 4-51

现在场景中有了雨，但是房檐上缺少一些由雨水汇聚而成的水柱，需要使用 Trapcode Particular（粒子）插件来制作。首先新建一个固态层，直接按快捷键 Ctrl+Y 新建固态层，弹出 Solid Settings 对话框，将名称命名为 Raindrops（雨滴），修改 Width（宽）为 1280，Height（高）为 405，颜色改为纯黑色，如图 4-52 所示。

图 4-52

在 Effects Control（特效控制）窗口的空白处单击鼠标右键，在弹出的特效菜单中进入 Trapcode 子菜单，如图 4-53 所示。

✓ Effect Controls	F3	Time ▶
Optical Flares	Ctrl+Alt+Shift+E	Transition ▶
Remove All	Ctrl+Shift+E	Trapcode ▶
		Utility ▶
3D Channel	▶	Video Copilot ▶
Audio	▶	
Blur & Sharpen	▶	
Channel	▶	
Color Correction	▶	
Composite Wizard	▶	
Distort	▶	
Expression Controls	▶	
Frischluft	▶	
Generate	▶	

图 4-53

在 Trapcode 子菜单中选择 Particular（粒子插件）选项，如图 4-54 所示。

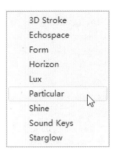

图 4-54

此时 Particular（粒子）插件就添加上了，如图 4-55 所示。

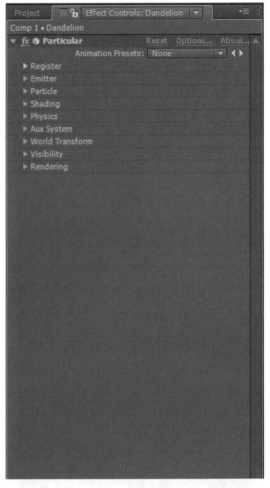

图 4-55

在 Particular（粒子插件）的属性中找到 Emitter（发射器）选项，单击 Emitter（发射器）选项左侧的三角形图标，如图 4-56 所示。

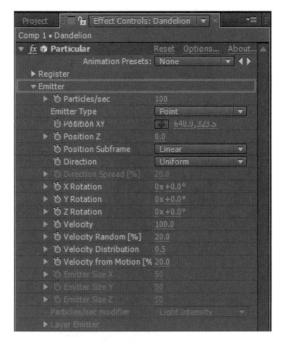

图 4-56

现在 Particular（粒子插件）是向四面八方散开的，所以首先要将粒子的方向调节一下，找到 Direction（方向）选项，将 Uniform（均衡的）改为 Directional（方向的），再找到 X Rotation（Y 轴旋转）属性，将数值改为 0x-90°。最后再找到 Velocity（速率）选项，将数值改为 0，粒子就变成了一条向下的直线，如图 4-57 所示。

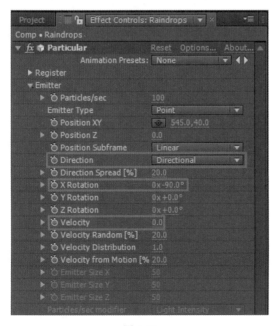

图 4-57

现在粒子变成了一个点，要为它添加一点力场使

其落下来。在 Particular（粒子插件）的属性里找到 Physics（物理学）选项，单击 Physics（物理学）选项左侧的三角形图标，找到 Wind Y（风 Y 轴方向）选项，将数值改为 200，此时粒子就落下来了，如图 4-58 所示。

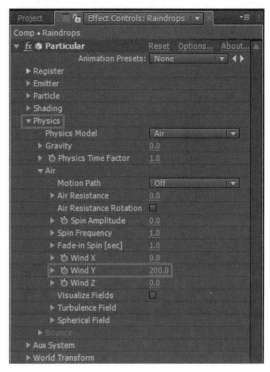

图 4-58

首先要让粒子随着房檐移动，再次回到 Emitter（发射器）选项，找到 Position XY（位置 XY 轴）属性，首先将时间指针放在 0 秒的位置，打开关键帧的开关，此时 Position XY 的数值为 545.0,40.0。将时间指针放在 12 秒的位置，将 Position XY 的数值改为 514.0,61.0，此时粒子就随着房檐移动了。但现在粒子就像一根白色的柱子一样，这不是此时需要的效果。找到 Emitter（发射器）选项中的 Particles/sec（每秒钟产生的粒子数量）属性，将时间指针放在 0 秒的位置，开启关键帧开关，Particles/sec 的数值为 100；将时间指针放在 2 秒的位置，将 Particles/sec 的数值改为 0；将时间指针放在 4 秒的位置，将 Particles/sec 的数值改为 100；将时间指针放在 6 秒的位置，将 Particles/sec 的数值改为 50；将时间指针放在 8 秒的位置，将 Particles/sec 的数值改为 100；将时间指针放在 10 秒的位置，将 Particles/sec 的数值改为 0；将时间指针放在 12 秒的位置，将 Particles/sec 的数值改为 100。粒子出现了断断续续的现象，如图 4-59 所示。

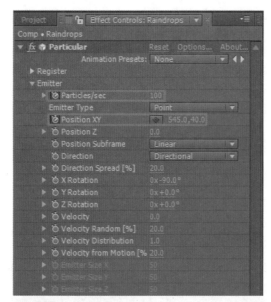

图 4-59

在 Particular（粒子插件）属性中找到 Particle（粒子）选项，单击 Particle（粒子）选项左侧的三角形图标，首先将 Life[sec] 参数改为 2，再找到 Size（尺寸）参数，将数值改为 3，将 Size Random[%]（尺寸随机）的数值改为 50。找到 Opacity（不透明度）参数，将数值改为 10，将 Opacity Random[%]（不透明度随机）的数值改为 80，如图 4-60 所示。

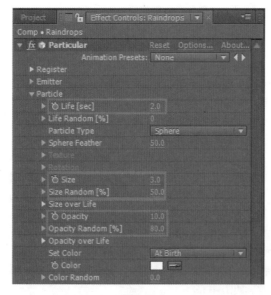

图 4-60

最后打开 Opacity over Life 属性，这是一个手绘贴图，直接单击即可在红色方块里绘制任何图案，透明度就会随着图案的高低而变化，将贴图画成前大后小的效果，如图 4-61 所示。

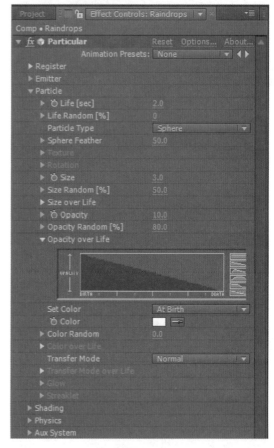

图 4-61

现在房檐滴下的一条雨水效果就做好了，如图 4-62 所示。

图 4-62

但只有一个房檐滴水是不真实的，所以要多复制几条。选择 Raindrops（雨滴）层，按快捷键 Ctrl+D 复制图层，现在两层水滴是重合在一起的，将时间指针放在 0 秒的位置，将 Position XY 的数值改为 438.0，–127.0。再将时间指针放在 12 秒的位置，将 Position XY 的数值改为 269.0,112.0。现在出现了第 2 条水流，如图 4-63 所示。

继续复制雨滴层，选择 Raindrops（雨滴）层，按快捷键 Ctrl+D 复制图层，将时间指针放在 0 秒的位置，将 Position XY 的数值改为 492.5,–84.5。再将时间指针放在 12 秒的位置，将 Position XY 的数值改为 356.0,129.0。现在第 4 条水流出现了，将粒子的 Size（尺寸）参数改为 4，如图 4-65 所示。

图 4-65

图 4-63

继续复制雨滴层，选择 Raindrops（雨滴）层，按快捷键 Ctrl+D 复制图层，将时间指针放在 0 秒的位置，将 Position XY 的数值改为 423.0,–214.0。再将时间指针放在 12 秒的位置，将 Position XY 的数值改为 205.0,73.0。现在第 3 条水流出现了，但是位置比较靠前，因此要将粒子的大小调大一点，将粒子的 Size（尺寸）参数改为 5，如图 4-64 所示。

左边的雨滴足够了，现在复制右边的雨滴。继续选择 Raindrops（雨滴）层，按快捷键 Ctrl+D 复制图层，将时间指针放在 0 秒的位置，将 Position XY 的数值改为 1062.0,–171.0。再将时间指针放在 12 秒的位置，将 Position XY 的数值改为 1162.0,39.0。现在第 5 条水流出现了，将粒子的 Size（尺寸）参数改为 5，如图 4-66 所示。

图 4-66

继续复制雨滴层，选择 Raindrops（雨滴）层，按快捷键 Ctrl+D 复制图层，将时间指针放在 0 秒的位置，将 Position XY 的数值改为 1000.0,–128.0。再将时间指针放在 12 秒的位置，将 Position XY 的数值改为 1068.0,78.0。现在第 6 条水流出现了，将粒子的 Size（尺寸）参数改为 3，如图 4-67 所示。

图 4-64

图 4-67

最后再复制一个雨滴层，选择 Raindrops（雨滴）层，按快捷键 Ctrl+D 复制图层，将时间指针放在 0 秒的位置，将 Position XY 的数值改为 917.0,–78.0。再将时间指针放在 12 秒的位置，将 Position XY 的数值改为 929.0,124.5。现在第 7 条水流出现了，将粒子的 Size（尺寸）参数改为 3，如图 4–68 所示。

图 4-68

房檐下的雨滴制作完毕，现在雨景画面气氛很好。将之前用来调色的调节层放在所有图层的顶部，如图 4-69 所示。

图 4-69

最后不要忘了细节，下雨时天空会出现闪电，因为整个画面的色调比较灰暗，闪电不宜做得太夸张。选择天空图层，在 Effects Control（特效控制）窗口空白处单击鼠标右键，在弹出的特效菜单中进入 Color Correction（色彩校正）子菜单，如图 4-70 所示。

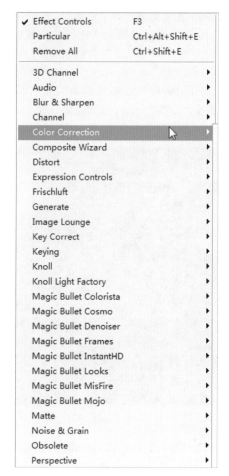

图 4-70

在 Color Correction（色彩校正）子菜单中选择 Exposure（曝光度）选项，如图 4-71 所示。

图 4-71

给 Exposure（曝光度）插件中的 Exposure 属性制作动画，将时间指针放在 2 秒的位置，开启关键帧开关，调整 Exposure 的数值为 0，将时间指针放在 2 秒 02 帧的位置，将 Exposure 的数值改为 0.20；将时间指针放在 2 秒 04 帧的位置，将 Exposure 的数值改为 0；再将时间指针放在 3 秒的位置，将 Exposure 的数值改为 0；将时间指针放在 3 秒 01 帧的位置，将 Exposure 的数值改为 0.30；将时间指针放在 3 秒 02 帧的位置，将 Exposure 的数值改为 0。在时间指针 9 秒和 10 秒的位置分别再添加 3 个关键帧，闪电制作完毕，如图 4-72 所示。

图 4-72

至此雨天场景制作完毕，如图 4-73 所示。

图 4-73

4.3　本章小结

本章的学习到这里就结束了。通过本章的一个雨天场景案例，实践了景深的制作和粒子工具的运用。现在再对本章的重要知识点做一下归纳和总结。

知识点 1：Trapcode Suite 套装详解

Trapcode Suite 套装是一共包含 10 种 After Effects 滤镜特效的软件，其中包含了 Particular、Form、Shine、3D Stroke、Starglow、MIR、LUX、Sound Keys、Horizon、Echospace。

知识点 2：Trapcode Particular 的概念

Trapcode Particular（粒子插件）是 After Effects 最大插件制造商 Red Giant（红巨星）公司出品的特效插件包 Trapcode Suite（插件套装）中最常用的一款三维粒子插件。

知识点 3：景深的制作方法

使用 Frischluft（新鲜的）插件里的 FL Depth Of Field（景深）插件，即可轻松地制作景深效果。

知识点 4：After Effects 里自带的雨水效果

在 Effects Control（特效控制）窗口中找到 Simulation（仿真）菜单中的 CC Rainfall（CC 降雨）特效。

知识点 5：Trapcode Particular 制作房檐滴下的水流

制作好一个水流特效后再复制 7 个，要注意远近不同水流大小也不同。

知识点 6：闪电的制作

在 Effects Control（特效控制）窗口中选择 Color Correction（色彩校正）菜单中的 Exposure（曝光度）插件。动画制作不宜太夸张，不要破坏整体安静的气氛。

第5章 抠像的魔术

本章学习目标

● 抠像技术详解
● After Effects抠像利器
● Primatte Keyer抠像技术

本章先认识After Effects强大的抠像插件家族，再介绍一个微电影抠像的案例，旨在让读者明白，就算拥有再强大的工具，也要有合理的工作流程。

5.1　抠像技术详解

5.1.1　抠像的概念

"抠像"一词是从早期影视制作中得来的，英文称作 Key，意思是吸取画面中的某一种颜色作为透明色，将它从画面中去除，从而使背景透出来，形成二层画面的叠加合成效果。这样在室内拍摄的人物经抠像后与各种实拍或三维制作的景物叠加在一起，形成神奇的艺术效果，如图 5-1 和图 5-2 所示。

图 5-1　　　　　　　　　　　　　　　　　　　图 5-2

正由于抠像的这种神奇功能，所以抠像成了影视制作最常用的技巧。从好莱坞的科幻、魔幻巨作，到电视级别的美剧、韩剧、国产仙侠剧，抠像技术大行其道，而如今的后期合成软件大都有强大的抠像功能，例如 After Effects、Nuke 等，如图 5-3~ 图 5-6 所示。

图 5-3

图 5-4

图 5-5

图 5-6

5.1.2　After Effects 抠像利器

❶ Keylight

Keylight 是一个屡获殊荣并经过产品验证的蓝绿屏幕抠像插件。Keylight 易于使用，并且非常擅长处理反射、半透明区域和头发的抠取。由于抑制颜色溢出是内置的，因此抠像结果看起来更像照片，而不是合成的。 这么多年以来，Keylight 不断改进，目的就是为了使抠像能够更快、更简单。同时它还对工具向深度挖掘，以适应处理最具挑战性的镜头。Keylight 作为插件集成了一系列工具，包括 Erode、软化、Despot 和其他操作以满足特定需求。另外，它还包括颜色校正、抑制和边缘校正工具，从而得到更加精细的微调效果。

Keylight 在 Foundry 公司经历了许多次改进。但是，Keylight 的原始算法是由 Computer Film 公司（Frame store）开发的。截至今天，Keylight 已经被应用在数百个项目上，包括《理发师陶德》、《地球停转之日》、《大侦探福尔摩斯》、《2012》、《阿凡达》、《爱丽丝梦游仙境》、《诸神之战》等。Keylight 能够无缝集成到一些世界领先的合成和编辑系统中，包括 Autodesk 媒体和娱乐系统、Avid DS、Fusion、NUKE、Shake 和 Final Cut Pro。现在 Keylight 也已经与 After Effects 捆绑，如图 5-7 和图 5-8 所示。

图 5-7

图 5-8

❷ Primatte Keyer

Primatte Keyer 是 Red Giant（红巨星）公司出品的插件套装 Keying Suite 中的一个插件，Keying Suite 套装一共包含 3 种 After Effects 滤镜特效，其中包含了 Primatte Keyer、Key Correct 和 Warp，其主要的功能是在影片中的抠像功能。Keying Suite 套装在 Red Giant（红巨星）公司官网上的售价是 198 美元，如图 5-9 和图 5-10 所示。

图 5-9

图 5-10

　　Primatte Keyer 抠像插件提供了强大的、用于高质量图像合成的超精度控制功能，Primatte Keyer 软件是独立于解析度的，而且支持 HDTV 视频甚至是电影图像。快速自动的色度键控、专业的水准控制和准确性、一键移除蓝绿幕等功能，给用户最好的体验结果，其可以校正光照不均匀、防止色彩溢出，更好地调整重要的细节，如图 5–11 所示。此插件具有以下功能。

　　（1）独一无二的计算抠像（键）值的方法。

　　（2）在图像柔和抠像部分的高级颜色处理。

　　（3）干净和精确的蓝绿色溢出排除功能。

　　（4）简单的参数设置和操作方法。

图 5-11

　　Key Correct 是抠像后合成的清理与增强，保持你的合成看起来更加自然，在抠像工具上改进的结果，更好地控制 Alpha 通道，匹配前景与背景的色彩，轻松地移除不需要的元素，如图 5–12 所示。

图 5-12

Warp 拥有影子、反射、辉光、四角定位功能，四角定位非常容易与 After Effects 集成，更好地控制透视、衰减、反射和影子，现在还包括三个新增的辉光和闪烁工具。

5.2 Primatte Keyer 在微电影中的应用

5.2.1 素材的处理

通过上一节的内容我们了解到抠像技术的应用与主流的抠像工具，下面将通过一个简单的雨中邂逅的镜头，学习 Primatte Keyer 的强大抠像功能。首先来欣赏一下完成后的最终效果，如图 5-13 所示。

图 5-13

这是一部表现青春爱情的微电影《愿缘》，片中男女主人公分别在古镇游玩，但都错过了相遇，后来女主角许下愿望，两人在雨中相遇，共度了一段美好时光，成为青春永远的回忆。好，下面就来制作这个雨中邂逅的镜头，如图 5-14 所示。

图 5-14

首先导入素材，在软件界面左上角找到 Project 窗口，这是导入素材的地方，如图 5-15 所示。

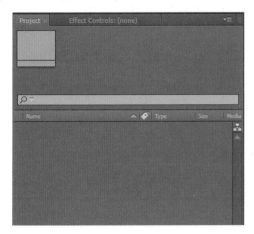

图 5-15

在 Project（项目）窗口的空白处双击，弹出素材导入对话框，找到"第 5 章"文件夹中的"雨中邂逅"子文件夹，这里有一张三维渲染好的场景，单击"打开"按钮，如图 5-16 所示。

图 5-16

继续采用相同的方法导入实拍的素材"绿幕 .MOV"，如图 5-17 所示。

图 5-17

在 Project（项目）窗口中双击素材，即可到 Footage（素材）窗口中观察素材效果，如图 5-18 所示。

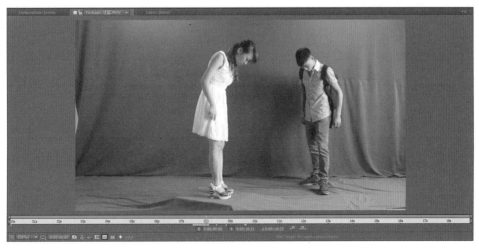

图 5-18

下面开始制作镜头效果，首先新建一个合成。因为背景素材是三维渲染好的，所以还是直接使用素材来创建合成，直接在 Project（项目）窗口中将名称为"背景"的图片拖曳到 Create a new Composition（新建合成）按钮上，创建合成，如图 5-19 所示。

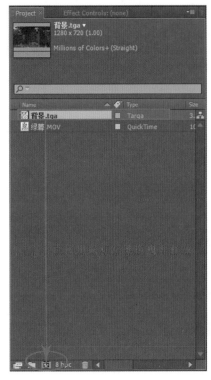

图 5-19

在 Project（项目）窗口中会出现一个名为"背景"的合成文件，Composition（合成）窗口会显示合成，Timeline（时间线）窗口上也会出现图层，如图 5-20 所示。

图 5-20

现在将"绿幕 .MOV"素材拖入时间线，观察素材，素材的大小比现在的合成大小要大很多，因为素材拍摄的尺寸是全高清（1920X1080）的，如图 5-21 所示。

图 5-21

直接按快捷键 Ctrl+Alt+F（适配合成大小的快捷键），使素材缩小到合成大小，如图 5-22 所示。

图 5-22

但现在"绿幕 .MOV"素材太长了，其中有许多不需要的部分，下面将素材裁剪一下，首先将时间指针放在 4 秒 19 帧的位置，选择"绿幕 .MOV"素材，按快捷键 Alt+[，素材前面就被截断了，如图 5-23 所示。

图 5-23

将时间指针放在 0 秒的位置上，选择"绿幕 .MOV"素材，直接按"["键，素材就对齐开始的位置了，按快捷键 Ctrl+K 打开合成设置对话框，将 Composition Name（合成名称）改为 Rain Day（雨日），将 Duration（持续时间）改为 0:00:08:00，如图 5-24 所示。

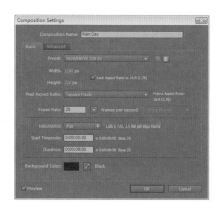

图 5-24

现在"绿幕 .MOV"素材的长度没问题了，但素材拍摄的时候因为场景较小，所以男女主人公的位置站得很近，并且男女主人公现在的大小也不符合场景的比例，所以要将男女主人公分开。选择"绿幕 .MOV"按快捷键 Ctrl+D（复制图层的快捷键）复制一层，选择图层，直接按回车键（修改层名字快捷键），将两层的名称分别改为 boy 和 girl，如图 5-25 所示。

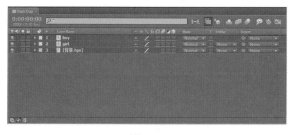

图 5-25

首先选择 girl 层，现在选择工具栏里的"遮罩工具"，直接在画面上绘制遮罩，注意在绘制过程中，不需要的一定要排除，但千万不能将人物的部分排除出去，那就需要绘制好遮罩后播放整个视频来检查，如图 5-26 所示。

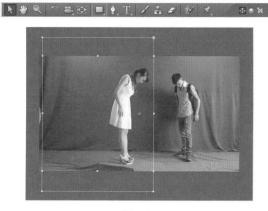

图 5-26

先将 boy 层隐藏，这样画面里就只显示 girl 层和背景层了，如图 5-27 所示。

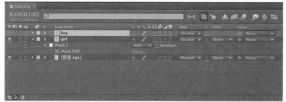

图 5-27

但 girl 层现在的位置和大小都不正确，还要调整它的 Scale（缩放）、Position（位置）参数。直接按下 Scale（缩放）的快捷键 S，打开 Scale（缩放）属性，将缩放的数值改为 44.0,44.0。按住 Shift 键，同时按下 Position（位置）的快捷键 P，同时打开 Position（位置）属性，将位置的数值改为 540.0,483.0。girl 层调整完毕，如图 5-28 所示。

图 5-28

现在调整 boy 层，将 girl 层隐藏，这样画面里就只显示 boy 层和背景层了。选择 boy 层，再选择工具栏中的"遮罩工具"，直接在画面上绘制遮罩，如图 5-29 所示。

图 5-29

现在调整它的 Scale（缩放）、Position（位置）参数。直接按下 Scale（缩放）的快捷键 S，打开 Scale（缩放）属性，将缩放的数值改为 38.0,38.0。按住 Shift 键，同时按下 Position（位置）的快捷键 P，同时打开 Position（位置）属性，将位置的数值改为 588.0,431。boy 层调整完毕，要注意的是遮罩的形状一定要按照门框的大小来绘制，如图 5-30 所示。

图 5-30

此时素材就彻底调整好了，下面就可以开始抠像了，如图 5-31 所示。

图 5-31

5.2.2　Primatte Keyer 抠像技术

　　现在就对素材进行抠像，但是任何效果都不会是一种工具即可轻松解决的，都是几种工具相互配合的结果。所以首先介绍一下抠像的思路，在真正开始抠像之前要做两件事，一是移除噪点，二是平滑背景。这样会更有助于 Primatte Keyer 抠像的效果；第三步使用 Primatte Keyer 抠像，完成后会发现效果会有细小的瑕疵；第四步将边缘柔化；第五步调整画面色彩匹配环境；最后还要添加一点淡淡的影子。这六个步骤都使用不同的工具，但是为了得到最好的效果，相信大家都不会介意复杂一点，下面就让我们赶紧开始制作吧。

　　❶　移除噪点

　　首先选择 girl 图层，在 Project（项目）窗口右边找到 Effects Control（特效控制）窗口，如图 5-32 所示。

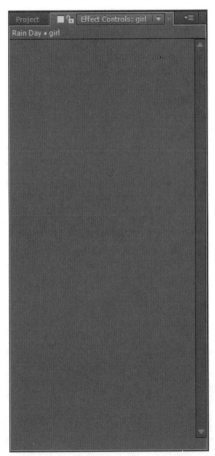

图 5-32

　　在 Effects Control（特效控制）窗口空白处单击鼠标右键，在弹出的特效菜单中找到 Noise & Grain（噪波与颗粒）子菜单，如图 5-33 所示。

图 5-33

在 Noise & Grain（噪波与颗粒）子菜单中选择
Remove Grain（移除颗粒）选项，如图 5-34 所示。

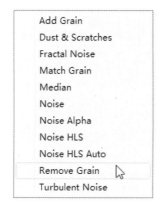

图 5-34

Remove Grain（移除颗粒）特效就添加上了，
但现在并没有给整个图层去噪，而是有一个方形的预
览窗口，找到 Viewing Mode（查看模式）选项后面的
Preview（预览）下拉列表，选择 Final Output（最终输
出）选项，如图 5-35 所示。

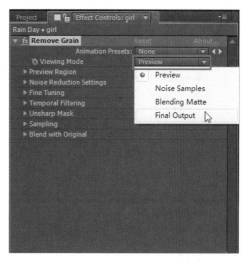

图 5-35

现在整个画面都去噪了，但是去噪的效果太轻微了。
找到 Noise Reduction Settings（降噪设置）选项，单击
左侧的三角形图标，将 Noise Reduction（降噪）的数
值改为 3，此时去噪效果就比较好了，如图 5-36 所示。

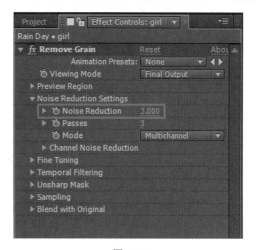

图 5-36

❷ 平滑背景

下面来平滑背景，这就要用到 Keying Suite 套装中
的 Key Correct 插件，在 Effects Control（特效控制）
窗口空白处单击鼠标右键，在弹出的特效菜单中进入
Key Correct 子菜单，如图 5-37 所示。

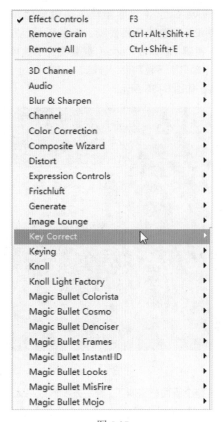

图 5-37

在 Key Correct 子菜单中选择 Smooth Screen（平滑屏幕）选项，如图 5-38 所示。

图 5-38

在 Smooth Screen（平滑屏幕）属性中找到 Screen Color 选项，选中吸管，在绿色幕布的中间色彩区域单击，绿幕的色差就少多了，如图 5-39 所示。

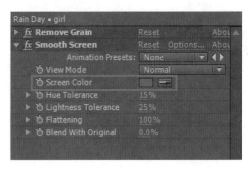

图 5-39

❸ Primatte Keyer 抠像

现在正式开始抠像，在 Effects Control（特效控制）窗口的空白处单击鼠标右键，在弹出的特效菜单中找到 Primatte 子菜单，如图 5-40 所示。

图 5-40

在 Primatte 子菜单中选择 Primatte Keyer 选项，如图 5-41 所示。

图 5-41

Primatte Keyer 特效就添加上了，虽然 Primatte Keyer 属性比较多，但实际应用中使用到的属性不会太多，所以不用恐慌，如图 5-42 所示。

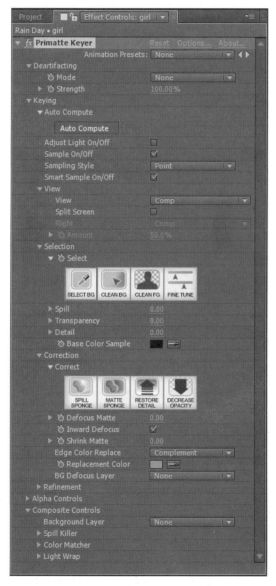

图 5-42

首先选择 Primatte Keyer 的 Mode（模式）选项，因为素材是单反相机拍摄的，所以要选择 HDCAM（高清相机）选项，如图 5-43 所示。

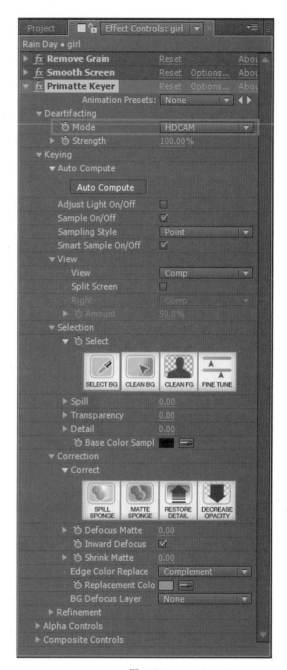

图 5-43

将 Sampling Style（抽样方式）属性，由默认的 Point（点）改为 Rectangle（矩形），如图 5-44 所示。

最后再确认 Selection（选择）选项里的 4 个图标中都选择了 SELECT BG（选择背景）选项。现在在画面的绿幕上框选，此时画面中的绿幕就被抠掉了，如图 5-45 所示。

图 5-44

图 5-45

一般抠像插件都会有 Matte（蒙板）的预览模式，图像会变成黑白效果，背景为黑色，人物为白色。如果背景为纯黑色就说明蓝绿背景去除得比较干净；反之，如果背景不为纯黑色就说明蓝绿背景去除得不干净。而人物如果为纯白色就说明人物保留得很完整；反之人物如果不为纯白色就说明人物有被扣掉的部分。所以通过插件控制黑白区域的效果直接决定最终的抠像结果。

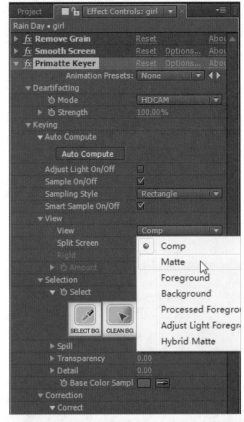

图 5-46

现在感觉绿幕被抠掉了，但不要被假象所蒙蔽，此时还远远没有抠好。找到 View（视图）选项，将默认的 Comp（合成）改为 Matte（蒙板），此时就会发现画面很多部分都没有处理好，如图 5-46 所示。

画面中现在背景变成了黑色，人物变成了白色，但是背景的黑色并不彻底，而前景的白色也有瑕疵，因此抠像效果不好。现在 Selection（选择）选项里的 4 个图标选择了第二项 CLEAN BG（清洁背景），可以在背景的黑色区域中框选，黑色中的白色就消失了，此步骤一定要仔细，直到背景所有细小的白色都消失为止，如图 5-47 所示。

图 5-47

现在 Selection（选择）选项里的四个图标选择了第三项 CLEAN FG（清洁前景），检查人物的白色区域中是否残留黑色，发现后使用鼠标框选，白色中的黑色就消失了，如图 5-48 所示。

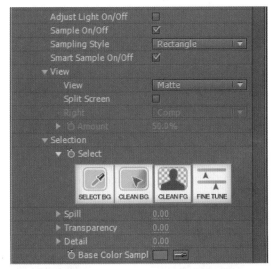

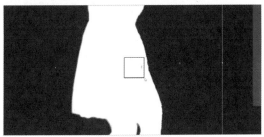

图 5-48

现在可以将 View（视图）下拉列表的 Matte（蒙板）改回 Comp（合成），发现女主角已经处理好了，如图 5-49 所示。

图 5-49

到此，Primatte Keyer 抠像制作完毕。

❹　柔化边缘

仔细观察画面，人物的边缘还是有些生硬，在 Effects Control（特效控制）窗口的空白处单击鼠标右键，进入特效菜单中的 Key Correct 子菜单，如图 5-50 所示。

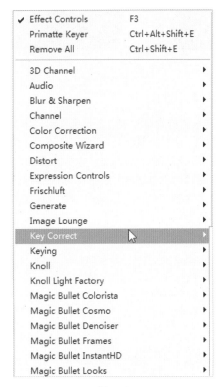

图 5-50

在 Key Correct 子菜单中选择 Edge Blur（边缘模糊）选项，此时人物的边缘变柔和了，如图 5-51 所示。

图 5-51

⑤ 人物调色

现在虽然抠像制作好了，但人物和环境整体的色彩感不匹配，所以这里要对人物进行调色，首先人物明显偏红，所以要降低其饱和度。在 Effects Control（特效控制）窗口的空白处单击鼠标右键，在弹出的特效菜单中进入 Color Correction（色彩校正）子菜单，如图 5-52 所示。

图 5-52

在 Color Correction（色彩校正）子菜单中找到 Hue/Saturation(色相 / 饱和度) 选项，如图 5-53 所示。

图 5-53

添加后找到 Master Saturation（主饱和度）选项，把数值改为 –22，画面中的红色就降低了，如图 5-54 所示。

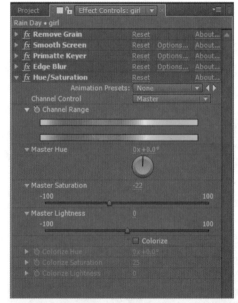

图 5-54

继续在 Effects Control（特效控制）窗口的空白处单击鼠标右键，在弹出的特效菜单中选择 Color Correction（色彩校正）子菜单中的 Curves（曲线）选项，如图 5-55 所示。

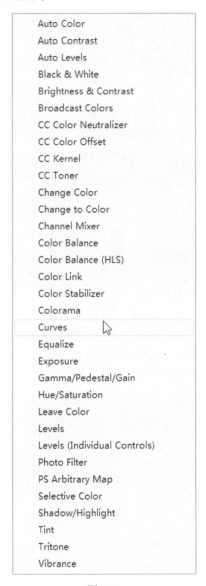

图 5-55

在默认的 RGB 模式下将曲线的亮部向下拉一点，并进入 Red（红）通道，将曲线中间向下拉一点，降低一点红色。进入 Blue（蓝）通道，将曲线中间向上拉一点，加一点蓝色，如图 5-56 所示。

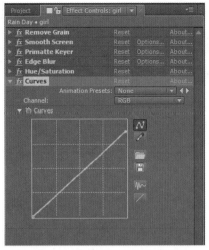

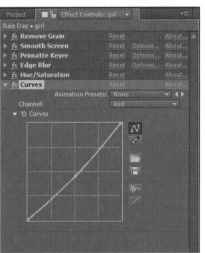

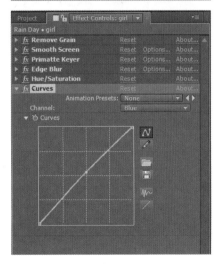

图 5-56

此时人物就暗下来了，并且色彩也符合雨天的冷色了，如图 5-57 所示。

图 5-57

❻ 添加阴影

虽然是雨天，但还是会有淡淡的影子，这就要用到 Keying Suite 套装中的 Warp 插件。在 Effects Control（特效控制）窗口的空白处单击鼠标右键，在弹出的特效菜单中找到 Red Giant Warp 子菜单，如图 5-58 所示。

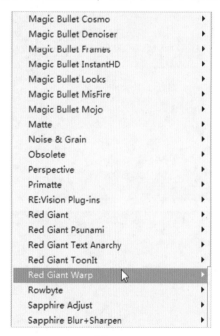

图 5-58

在 Red Giant Warp 子菜单中找到 RG Shadow 选项，如图 5-59 所示。

图 5-59

画面中出现了三个手柄，将横向的两个手柄放在人物的脚边，中间向上的手柄用来控制影子的方向和尺寸，如图 5-60 所示。

图 5-60

影子虽然有衰减，但还是太实了，找到 Opacity（不透明度）选项，将数值改为 35，找到 Softness（柔和）选项，将数值改为 50，如图 5-61 所示。

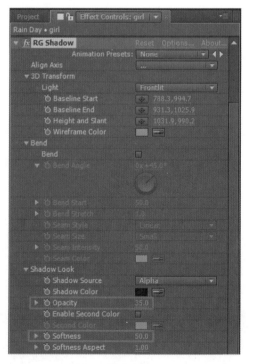

图 5-61

现在影子自然多了，但当播放动画时会发现影子没有跟着人物移动，所以要为三个手柄制作动画。首先将时间指针放到 1 秒的位置，将 RG Shadow 中的 Baseline Start（基线开始）、Baseline End（基线结束）、Height and Slant（高度和斜度）三个属性的关键帧的开关打开，如图 5-62 所示。

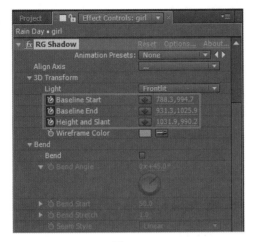

图 5-62

将时间指针放在 0 秒的位置，将三个手柄再移到人物的脚下，播放视频观察，影子已经跟随人物移动了，如图 5-63 所示。

图 5-63

最后还要解决一个问题，女主角在跑动时要出现运动模糊，所以我们要添加模糊特效并制作动画。在 Effects Control（特效控制）窗口的空白处单击鼠标右键，在弹出的特效菜单找到 Blur&Sharpen（模糊与锐化）子菜单，如图 5-64 所示。

图 5-64

在 Blur&Sharpen（模糊与锐化）子菜单中找到 Directional Blur（方向模糊）选项，如图 5-65 所示。

图 5-65

将时间指针放在 0 秒的位置，把 Direction（方向）的数值改为 0x+90.0°，将 Blur Length（模糊程度）的数值改为 20.0，并开启关键帧开关。将时间指针调到 1 秒的位置，把 Blur Length（模糊程度）的数值改为 0，运动模糊的动画制作完毕。至此，女主角的抠像制作就全部完成了，如图 5-66 所示。

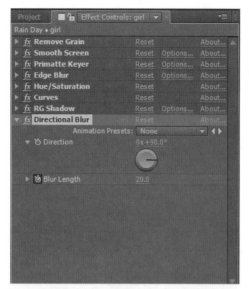

图 5-68

5.2.4　Magic Looks 整体调色

　　下面为画面整体调色，还是使用调色插件 Magic Bullet Looks 来进行。首先建立一个调节层，直接按快捷键 Ctrl+Alt+Y 新建调节层，按回车键将层的名称命名为 Looks，如图 5-69 所示。

图 5-69

图 5-66

　　男主角的抠像方法和女主角完全相同，因此在这里就不再重复了，只要大家有耐心，细心制作，一定都会制作出最好的效果，如图 5-67 所示。

　　选择调节层，在 Effects Control（特效控制）窗口的空白处单击鼠标右键，在弹出的特效菜单中选择 Magic Bullet Looks 子菜单中的 Looks 选项，如图 5-70 所示。

图 5-67

5.2.3　CC Rainfall 制作雨滴

　　这部分的内容本书前面的雨景制作章节中已经讲过了，方法完全相同，大家可以查看相关内容制作出来，如图 5-68 所示。

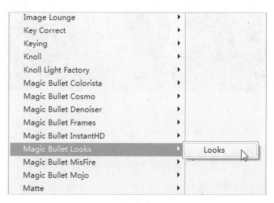

图 5-70

添加特效后，在 Effects Control（特效控制）窗口中单击特效上方的 Edit…按钮，即可进入独立界面调色了，如图 5-71 所示。

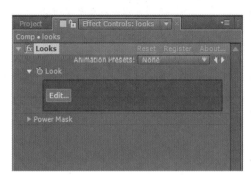

图 5-71

首先添加 Curves（曲线）工具，将亮部提高一点，暗部压暗一点，目的只是为了增强一点对比度，如图 5-72 所示。

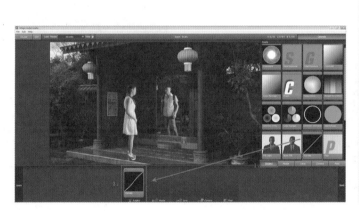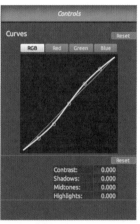

图 5-72

添加 Diffusion（[光]漫射）工具，让画面中亮的部分微微有一点光晕泛出来，如图 5-73 所示。

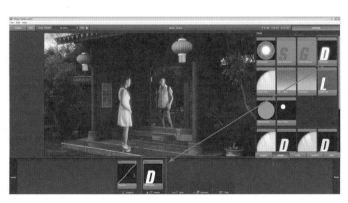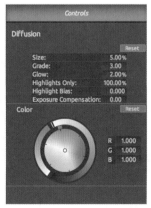

图 5-73

添加 Warm/Cool（暖 / 冷）工具，将色调向蓝绿色的方向调一点，画面就偏清冷了，如图 5-74 所示。

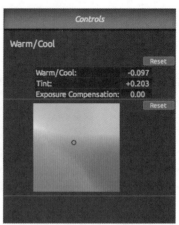

图 5-74

添加 Vignette（暗角）工具，使画面周围暗一点。如图 5-75 所示。

图 5-75

添加 Edge Softness（边缘柔化）工具，可以使周围的环境变得模糊一点，这样会让主角变得更加突出，画面也有了一点景深的感觉，如图 5-76 所示。

图 5-76

至此，整体调色也制作完毕了，如图 5-77 所示。

图 5-77

5.3　本章小结

　　本章的学习到这里就结束了。通过本章的一个微电影镜头案例的制作，我们学习了抠像的基本概念和 Primatte Keyer 的抠像流程，认识了 Key Suite 这款插件包的插件之间的相互配合。现在再次对本章的重要知识点做一下归纳和总结。

知识点 1：抠像的概念

　　"抠像"的英文称作 Key，是吸取画面中的某一种颜色作为透明色，将它去除后使背景透出来，形成二层画面的叠加合成效果。

知识点 2：After Effects 抠像利器介绍

　　Keylight 是一款屡获殊荣并经过产品验证的蓝绿屏幕抠像插件；而 Primatte Keyer 是 Red Giant（红巨星）公司出品的插件套装 Keying Suite 中的一个插件。

知识点 3：Primatte Keyer 抠像技术

　　任何工作不会是一种工具即可轻松解决的，都是几种工具相互配合的结果。抠像思路为：1. 移除噪点；2. 平滑背景；3.Primatte Keyer 抠像；4. 边缘柔化；5. 调整画面色彩；6. 添加影子。

知识点 4：CC Rainfall 制作雨滴

　　这部分的内容本书在前面的雨景制作章节里已经讲过了。

知识点 5：Magic Bullet Looks 整体调色

　　本次整体调色又学习了 Magic Bullet Looks 中的新工具——Warm/Cool（暖 / 冷）、Edge Softness（边缘柔化）。

读书笔记

第6章 摄像机追踪

本章学习目标

- 追踪技术详解
- After Effects追踪插件
- Mocha和After Effects的项目流程

本章先认识After Effects强大的三维追踪插件，再制作一个三维追踪的镜头，旨在让读者了解三维追踪对于合成的重要意义。

6.1 追踪技术详解

6.1.1 追踪技术的概念

追踪技术又称"摄像机反求"，是通过分析连续画面，追踪其中关键像素（一般会绘制或使用专用标记点）的画面运动，利用透视原理（所以理想的反求结果是需要镜头数据的）计算出当前摄像机的空间轨迹。无论用什么软件，抛开技术问题，摄像机反求就是摄像机及其三维空间的数字还原。固定镜头的画面没有反求的问题，即使需要处理也只是一个透视空间对位的问题，如图 6-1 和图 6-2 所示。

图 6-1

图 6-2

摄像机反求有两种类型：

（1）二维空间的反求，用于平面化的处理。举一个例子来说，在你需要反求的运动画面中有一面墙体（这是一个平面），想在墙体上放置海报，那么无论摄像机位怎样变化（假设墙角都没有出画），本质上画面中的墙体运动都是一个四边形的变化，所以只需要获得四个墙角的运动，然后把海报对应四角，你就会得到替换后的结果。这就是一个简单的二维反求实例，也是一种"绷皮"的办法，其只针对平面化的运动素材，而且确实在视觉上无懈可击。

（2）三维空间反求，大部分没入行的人会直接拿一段拍摄素材来给后期或特效部门做摄像机反求，这其实上是无法实现的，业余的结果就是普遍的穿帮。没有参考物或者参考数据的反求基本上就是在"撞大运"。正式的需要反求的画面在拍摄前期就会在场景中放置标记，使用易于后期处理掉的颜色，并且有一定的空间距离，假如处理一个太空舱的画面，除了演员以外周围都是绿屏包裹的柱形空间，标记就贴在环绕着柱形空间的绿布上，保持正方形（或规律的图形）的间隔距离，这样拍摄出来的素材可以用软件得到正确的摄像机轨迹，因为其一，规则的标记点可以帮助技术人员在软件内矫正误差；其二，有记录的标记距离可以还原拍摄空间，并且数据可以导入三维软件建立正确的模型空间，这整套严格的流程会尽可能地降低出现误差的几率，最终会得到令人信服的画面，而不是演员和特效的分离，如图 6-3 所示。

图 6-3

6.1.2　After Effects 追踪插件介绍

❶ Mocha

Mocha 是一款独立的 2D 跟踪软件，基于图形独特的 2.5D 平面跟踪系统。Mocha 作为一种低成本的有效跟踪解决方案，具有多种功能，产生二维立体跟踪能力，即使最艰难的短片拍摄，也可以节省大量时间和金钱。Mocha 是一个单独的二维跟踪工具软件，它可以使影视特效合成艺术家的工作变得更容易，以便减少压力。Mocha 致力于商业、电影、企业影片的后期制作，它的直观画面、简单易学、工业标准 2.5D 平面的追踪技术，比起使用传统工具，它提供比通过传统工具的制作方法还要快 3~4 倍的工作环境，从而建立高品质的影片，如图 6-4 所示。

图 6-4

Imagineer Systems 公司是获得学院嘉奖的特效解决方案开发者，旨在为电影、视频和广告提供后期特效制作。Imagineer Systems 已经在一些重要的好莱坞大片中留下了痕迹，包括：《霍比特人》、《黑天鹅》、《神奇蜘蛛侠》、《成事在人》，以及《哈利·波特》系列。

Imagineer Systems 公司成立于 2000 年，总部位于英国的吉尔福德。

Imaginer Systems 公司将其旗下三款软件 Mocha、Monet、Mokey 合并为一个新的软件 Mocha Pro，新的 Mocha Pro 将汇集视频运动跟踪、视频 ROTO 抠像、影视和广告特效合成、清除工具（常见的电影和广告擦钢丝、移除前期拍摄不想要的物体、替换视频中的元素，或者擦除视频中的人物只留背景等）于一体。这样一来 Mocha Pro 成为了影视后期和广告制作等领域必不可少的软件之一，大家都知道 Mocha 有 After Effects 的版本，但是 Mocha After Effects 只有 Mocha Pro 一小部分的功能而已，真正强大的功能都在 Mocha Pro 中。

❷ Camera Tracker

Camera Tracker 是一款 After Effects 摄像机反求跟踪插件，允许 3D 运动跟踪和 Match moves（运动匹配）工作人员无须离开 After Effects。分析了原始相机镜头序列和提取来源和运动参数，允许正确合成 2D 或 3D 元素，参照相机用于电影拍摄。Camera Tracker 也是 Foundry 公司开发的插件，并且也已经与 After Effects 一起捆绑，如图 6-5 所示。

图 6-5

6.2　Mocha 和 After Effects 的项目流程

6.2.1　Mocha 追踪技术

通过上一节的内容，了解了追踪技术的原理与 After Effects 主要的追踪工具，下面将通过一个面部追踪的镜头，迅速学习 Mocha 的强大平面追踪功能。首先来欣赏一下完成后的最终效果，如图 6-6 所示。

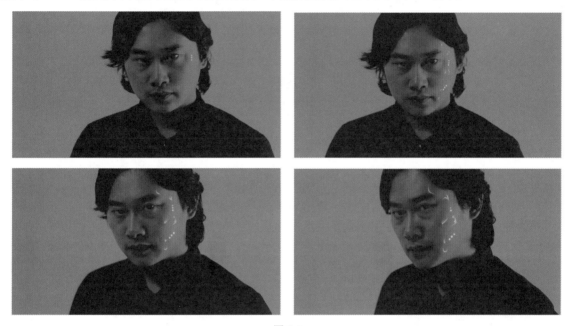

图 6-6

这是一个科幻电影中常常会用到的镜头，画面中的人物面部出现了一些电子信号，说明它是一个机器人。这个镜头其实并不难制作，先将素材导入 Mocha 中进行面部追踪，然后直接将追踪信息复制给 After Effects，最后在 After Effects 中整体调节画面效果并输出。下面就开始制作吧，打开 Mocha Pro，如图 6-7 所示。

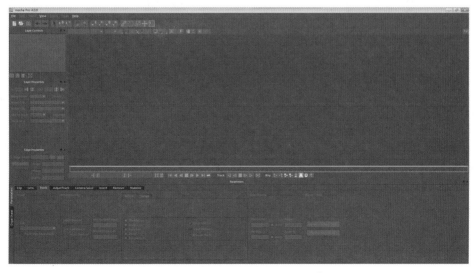

图 6-7

　　Mocha 没有素材是无法建立工程的，所以建立工程的时候必须导入素材，在软件界面执行 File（文件）菜单中的 New Project（新建工程）命令，就会弹出 New Project 对话框，如图 6-8 所示。

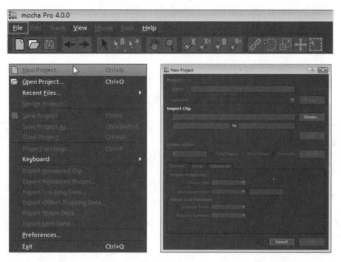

图 6-8

　　单击 Choose（选择）按钮，就会弹出 Choose Footage（选择素材）对话框，打开后会出现 New Project（新建工程）设置面板，这里的设置一般不需要更改，但是帧速率一定要与素材匹配，所以把 Frame rate（帧速率）改为 25。单击 OK 按钮工程就建立好了，如图 6-9 所示。

图 6-9

现在就可以开始进行追踪操作了，首先将时间指针放到最后一帧，然后选择软件上方工具栏里的"创建 X 样条线工具"，直接在面部绘制一个区域，绘制的区域就是追踪的区域。值得注意的是，窗口的放大、缩小快捷键是小键盘上的 +、− 键，千万不可滑动鼠标滑轮来放大或缩小。绘制完成后左侧的 Layer Controls（图层控制）窗口中就出现了 Layer1（图层 1），如图 6–10 所示。

图 6-10

现在就可以对绘制区域进行追踪了，因为是最后一帧，所以单击画面中间的"向前追踪"按钮，右上角就出现了进度条，追踪已经开始，在追踪结束前不需要任何操作。当画面回到第 1 帧时，追踪结束。此时可以单击打开"平面和网格"按钮，从而检查追踪区域的透视是否准确，如图 6–11 所示。

图 6-11

现在将追踪出的平面展开，变成合成的大小，再将时间指针放到最后一帧，单击左侧 Layer Controls（图层控制）下面的"展开平面"按钮，画面中的平面就与合成的大小一致了，如图 6–12 所示。

图 6-12

　　检查准确后，即可导出追踪信息给 After Effects 了，首先单击右下方的 Export Tracking Data（导出追踪数据）按钮，此时会弹出格式对话框，在 Format（格式）后的下拉列表中选择 After Effects Corner Pin[supports motion blur](*.txt) 选项，最后单击 Copy to Clipboard（复制到剪切板）按钮，导出追踪数据，如图 6-13 所示。

图 6-13

知识点：

　　Mocha 软件会自动保存工程文件，当创建合成导入素材时，Mocha 就会自动在原始素材的文件夹中创建一个 Results（结果）的文件夹，其中有原始工程文件和随时自动保存的工程文件，所以非常方便。

6.2.2　After Effects 的后期制作

现在可以回到 After Effects 了，注意此时 Mocha 不要关闭。还是在 After Effects 的 Project（项目）窗口的空白处双击，弹出 Import File 对话框，找到第 6 章文件夹中的 Footage 子文件夹，单击"打开"按钮，如图 6-14 所示。

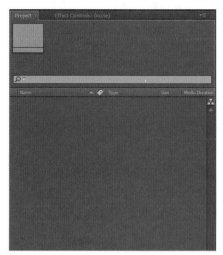

图 6-14

直接使用素材来创建合成，在 Project（项目）窗口中将名字为"背景"的图片拖曳到 Create a new Composition（新建合成）按钮上，创建合成，如图 6-15 所示。

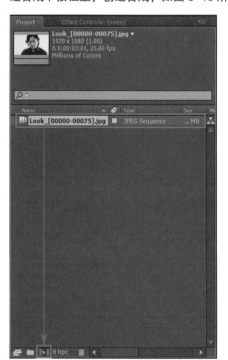

图 6-15

现在可以将要在脸上合成的电子信息导入了，继续在 Project（项目）窗口的空白处双击，会弹出素材导入对话框，找到第 6 章文件夹中的 Face Line.aep 文件，单击"打开"按钮导入后是一个文件夹，单击文件夹左侧的三角形图标，即可看到 Face Line 的合成文件，如图 6-16 所示。

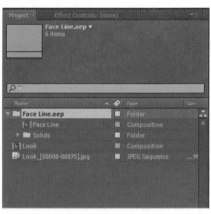

图 6-16

将 Face Line 合成文件直接拖曳到时间线上，放在 Look 层上方，此时拖动时间指针会发现 Face Line 层是没有和面部运动匹配的，所以将时间指针放到第一帧，选择 Face Line 层，直接按快捷键 Ctrl+V，Face Line 层就出现了一条运动路径。现在播放画面，就会发现 Face Line 层已经匹配面部运动了。如果操作不成功，建议在 Mocha 的导出选项中，再单击一次 Copy to Clipboard（复制到剪切板）按钮，如图 6-17 所示。

图 6-17

现在跟踪部分已经匹配画面了，只需要再好好调整画面效果即可，使效果更加真实。首先为画面整体调色，使用调色插件Magic Bullet Looks来进行。建立一个调节层,直接按快捷键Ctrl+Alt+Y新建调节层,此时会出现一个新层，按回车键将该层命名为 color，放在 Face Line 层的下面，Look 层的上面，如图 6-18 所示。

图 6-18

选择调节层，在 Effects Control（特效控制）窗口的空白处单击鼠标右键，在弹出的特效里选择 Magic Bullet Looks 子菜单中的 Looks 选项。添加特效后，在 Effects Control（特效控制）窗口中再单击特效上方 Edit…按钮，即可进入独立界面调色了，如图 6-19 所示。

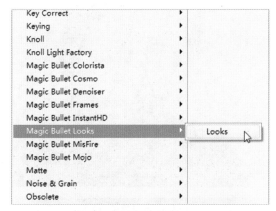

图 6-19

本次的调色非常简单，只需要将鼠标放在左下角的 Looks 按钮上，左侧就会出现一排调色的预设，单击 Classic Music Videos（经典音乐视频）中的 Night Time（夜间）按钮，单击 Finished（完成）按钮回到 After Effects，调色完成，如图 6-20 所示。

图 6-20

现在调节 Face Line 层的效果，选择 Face Line 层，在 Effects Control（特效控制）窗口的空白处单击鼠标右键，在弹出的特效菜单中选择 Generate（生成）子菜单中的 Fill（填充）选项，然后在特效控制窗口中将 Color 改为蓝绿色，如图 6-21 所示。

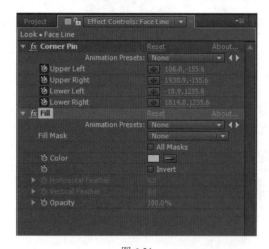

图 6-21

其实这一步并没有使画面效果改变太多，而只是改变面部信号的颜色，如图 6-22 所示。

图 6-22

继续在 Effects Control（特效控制）窗口的空白处单击鼠标右键，在弹出的特效菜单中，选择 Stylize（风格化）子菜单中的 Glow（辉光）选项，如图 6-23 所示。

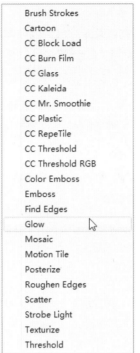

图 6-23

最后再将 Face Line 层的混合模式改为 Overlay（叠加），镜头效果就彻底制作完成了，如果想增加点气氛，素材文件夹中有音频文件，可以放入合成中一起输出，如图 6-24 所示。

图 6-24

6.3 本章小结

本章的内容学习到这里就结束了。通过本章的一个追踪镜头案例的制作，我们掌握了 Mocha 和 After Effects 配合的项目流程，现在再次对本章的重要知识点做一下归纳和总结。

知识点 1：追踪的概念

追踪技术又称"摄像机反求"，是通过分析连续画面，追踪其中关键像素（一般会绘制或使用专用标记点）的画面运动，利用透视原理（所以理想的反求结果是需要镜头数据的）计算出当前摄像机的空间轨迹。

知识点 2：After Effects 追踪插件介绍

Mocha 是一款独立的 2D 跟踪软件，基于图形独特的 2.5D 平面跟踪系统；Camera Tracker 是一款 After Effects 摄像机反求跟踪插件，允许 3D 运动跟踪和 Match Moves（运动匹配）而无须离开 After Effects。

知识点 3：Mocha 的追踪技术

Mocha 新建工程时，帧速率一定要与素材匹配，导出之前一定要将平面展开，导出时的选项一定要设置准确。

知识点 4：Magic Bullet Looks 整体调色

这次整体调色只需要用到调色预设里的 Classic Music Videos（经典音乐视频）和 Classic Music Videos（经典音乐视频）里的 Night Time（夜间）。

知识点 5：添加 Glow

最后给 Face Line 层添加 Glow（辉光）特效，层使用 Overlay（叠加）混合模式。

第7章　三维神之器

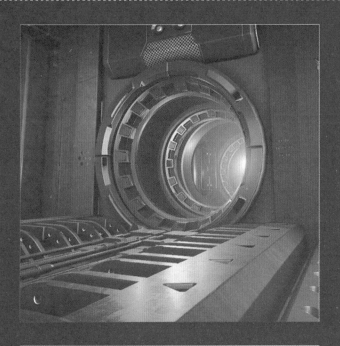

本章学习目标

- 了解After Effects历史上最伟大的插件Element 3D
- 使用Element 3D创建汽车三维标志

本章先认识After Effects最伟大的插件Element 3D，再完成一个使用Element 3D创建汽车三维标志的案例，旨在让读者熟悉Element 3D的基本工作流程。

7.1 After Effects 历史上最伟大的插件发明 Element 3D

Element 3D 是 Video Copilot（视频素材）公司出品的 After Effects 插件，是支持 3D 对象在 After Effects 中直接渲染的引擎。该插件采用 OpenGL 程序接口，支持显卡直接参与 OpenGL 运算，是 After Effects 中为数不多的、支持完全 3D 渲染特性的插件之一，如图 7-1 所示。

图 7-1

该插件具有 Real time rendering（实时渲染）特性，即在制作 3D 效果过程中也可以直接在屏幕上看到渲染结果，从而使 CG 运算的效率得以大幅提升。另外，相比较于传统的 After Effects 针对 3D 动画合成中出现各种繁琐的操作，如摄像机同步、光影匹配等，Element 3D 可以让特效师直接在 After Effects 中完成，而不需要考虑摄像机和光影迁移的问题。配合 After Effects 内置的 Camera Tracker（摄像机追踪）功能，可以完成各类复杂的 3D 后期合成特效。但是因为即时渲染的原因，不支持 Ray Tracing（光线追踪），需要大量采用环境贴图的手法提高渲染的真实性。另外其无法运算碰撞、刚体、重力等物理特性，所以还是难以比拟 Maxon Computer（马克森电脑）公司的 Cinema 4D 和 Autodesk（欧特克）公司的 3D 软件。

Element 3D 在 Video Copilot（视频素材）公司官网的售价为 199.95 美元，下面来介绍 Element 3D 的神奇功能。

7.1.1　导入 3D 模型

支持通用 OBJ 模型和 Cinema 4D 专用的 C4d 工程文件导入，如图 7-2 所示。

图 7-2

7.1.2　粒子系统

使用特殊的粒子数组系统，支持各类 3D 粒子形态：圆形、环形、平面、盒状、3D 网格、OBJ 顶点、After Effects 内建 alpha 层的映射，如图 7-3 所示。

图 7-3

7.1.3　插件界面

插件内置订制的 UI 进行导入、设置，如图 7-4 所示。

图 7-4

7.1.4　3D 对象分散系统

支持对 3D 模型进行多个方向的打散，可以由分散系统制造出更多优秀的动画效果，如图 7-5 所示。

图 7-5

7.1.5　材质系统

漫射、镜面高光、反射与折射（非光线跟踪着色）、普通凹凸面映射、光照，以及更多选项，拖曳即可应用到对象上，测试材质不需要渲染，如图 7-6 所示。

图 7-6

7.1.6　高级 Open GL 渲染特性

　　景深效果、3D 运动模糊，可以直接使用 After Effects 内建的灯光系统（不含投射阴影）、环境反射（非光线跟踪着色）、磨砂底纹材质、RT 环境遮蔽（SSAO，屏幕空间环境光遮蔽）、线框渲染，以及 3D 大气衰减功能。

　　多程即时渲染（光影）、分离部分单个属性（例如光照）让你可以增加光晕，多程混合可以对每个属性强度进行控制，并且不降低渲染速度，如图 7-7 所示。

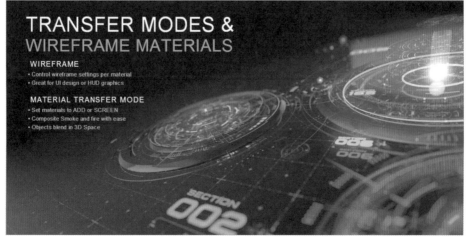

图 7-7

7.1.7　环境背景图

50 张反射环境图，可以创造球形的无缝背景，可以用于反射和折射，并应用动画化的反射图，如图 7-8 所示。

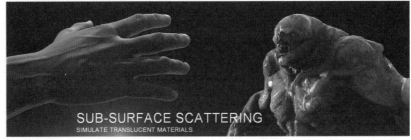

图 7-8

7.1.8　同期发布专业的 3D 模型包

配合专业的模型包，提升创作力。模型包中采用 OBJ 通用的 3D 模型格式，含有 FBX 材质贴图信息，如图 7-9 所示。

图 7-9

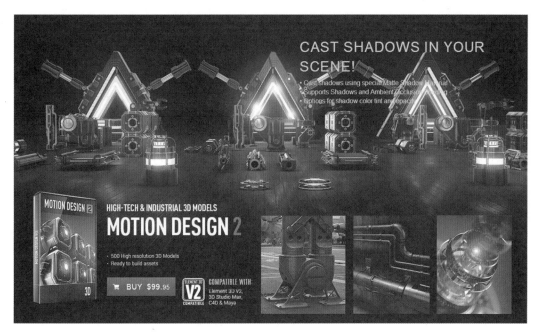

图 7-9（续）

7.1.9　同期发布华丽的 Pro Shader 材质包

除了内建材质预设，另购的材质包含 200 种进阶材质，配合材质包提升工作效率，如图 7-10 所示。

图 7-10

7.1.10　3D 文字及蒙版挤出

挤出（Extrude）文字和蒙版形状、仿真的贴图、内建的 25 种斜面预设，支持自行调整、单体动画化，单个对象可以应用于多个斜面，如图 7-11 所示。

图 7-11

7.2 使用 Element 3D 创建汽车三维标志

7.2.1 使用 Element 3D 制作三维文字

前文已经认识了 After Effects 最伟大的插件——Element 3D，下面就来制作一个创建汽车三维标志的案例，感受一下 After Effects 的"三维神之器"，首先来欣赏一下完成后的最终效果，如图 7-12 所示。

图 7-12

很难想象这是没有借助任何三维软件实现的，所以 After Effects 有了 Element 3D 插件真是有如神助。

首先新建一个合成，直接按快捷键 Ctrl+N，弹出 Composition Settings（合成设置）对话框，将 Composition Name（合成名称）改为 E3D，Duration（持续时间）改为 0:00:10:00，如图 7-13 所示。

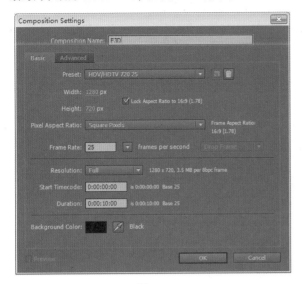

图 7-13

单击 OK 按钮创建合成，添加 Element 3D 首先要新建一个固态层，直接按快捷键 Ctrl+Y 新建固态层，弹出 Solid Settings 对话框，将名称命名为 E3D，设置 Width（宽）为 1280，Height（高）为 720，颜色改为纯黑色，如图 7-14 所示。

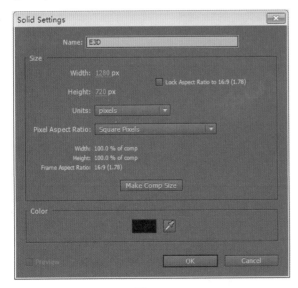

图 7-14

在 Effects Control（特效控制）窗口的空白处单击鼠标右键，在弹出的特效菜单中进入 Video Copilot（视频素材）子菜单，如图 7-15 所示。

图 7-15

在 Video Copilot（视频素材）子菜单中选择 Element 选项，Element 3D 插件会出现在 Effects Control（特效控制）窗口中，如图 7-16 所示。

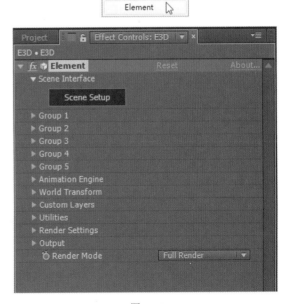

图 7-16

现在还需要一个文字层，选择工具栏里的"文字工具"，直接在画面中单击，即可输入文字：Jaguar（捷豹），输入完成后可以在右边的 Character（文字）面板中调整文字的大小为 107，字体为 Great Vibes，颜色为白色，如图 7-17 所示。

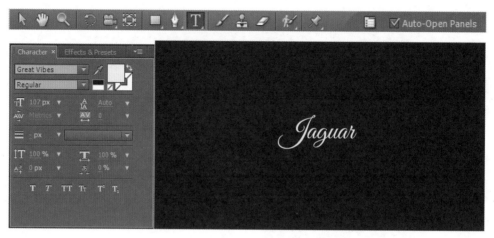

图 7-17

现在即可让 Element 3D 插件读取文字层，从而创建三维文字。首先在 Effects Control（特效控制）窗口中选择 Element 3D 的 Custom Layers（自定义图层）选项，单击打开左侧的三角形图标，展开 Custom Text and Masks（自定义文字与遮罩）选项，在 Path Layer1 后面的下拉列表中选择文字层：1.Jaguar（捷豹），如图 7-18 所示。

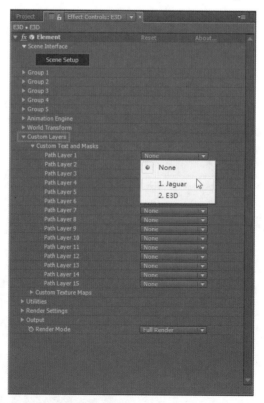

图 7-18

现在即可进入 Element 3D 开始制作特效了，单击插件上方的 Scene Setup（场景设置）按钮，进入 Element 3D 独立界面，如图 7-19 所示。

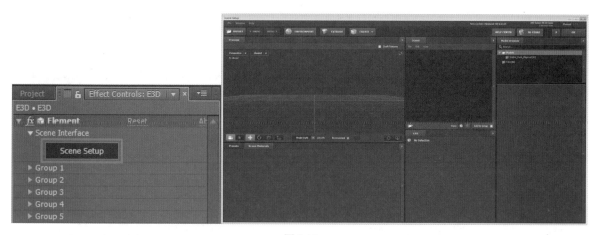

图 7-19

此时发现 Element 3D 中什么选项都没有，别紧张，不是出错了，而是文字和形状只是线条，如果想得到厚度需要进行挤出操作。单击上方的 EXTRUDE（挤出）按钮，画面中就出现了文字的模型，如图 7-20 所示。

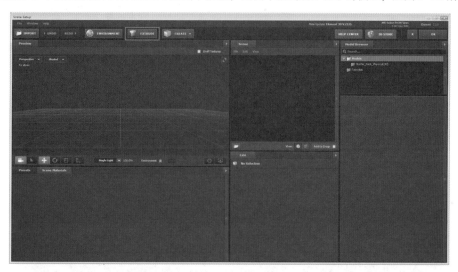

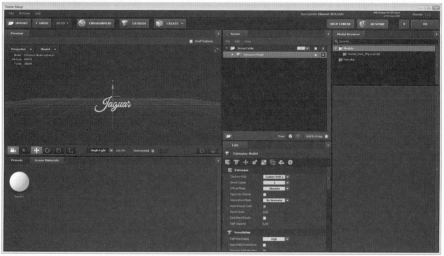

图 7-20

首先将窗口中的网格关闭，单击窗口中间的 View Options（显示设置）按钮，将 Grid（网格）功能关闭，如图 7-21 所示。

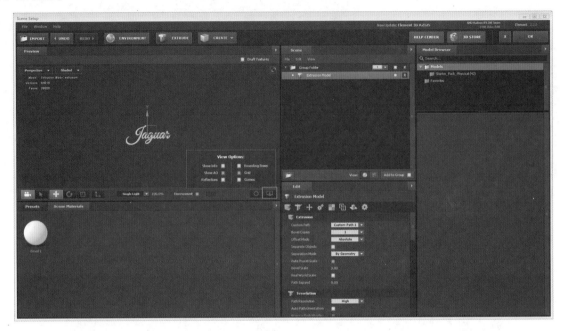

图 7-21

现在开始调节文字的材质，单击右边 Extrusion Model（挤出模型）属性左侧的三角形图标，将该属性展开，单击 Bevel 1 属性，并单击下方的材质球按钮，将 Basic Settings（基本设置）里的 Diffuse Color（漫反射颜色）属性调成纯黑色，再将 Reflectivity（反射率）的 Intensity（强度）数值改为 100，如图 7-22 所示。

图 7-22

现在可以在左侧的显示窗口调整文字的角度，鼠标左键旋转镜头，中键平移镜头，鼠标滑轮推拉镜头。当把文字拉近放大观察细节时会发现文字上有缝隙，下面将其补上，如图 7-23 所示。

图 7-23

单击右下方的 Bevel（倒角）按钮，将 Expand Edges（扩展边缘）的值调为 –0.32，文字上的缝隙就不见了，如图 7–24 所示。

图 7-24

为了增强模型的圆滑度，再次单击右上方的 Extrusion Model（挤出模型）按钮，在单击右下方的 Tesselation（多边形密度）按钮，将属性里的 Path Resolution（线条级别）改为 Ultra（极端的），文字材质就调整好了，如图 7–25 所示。

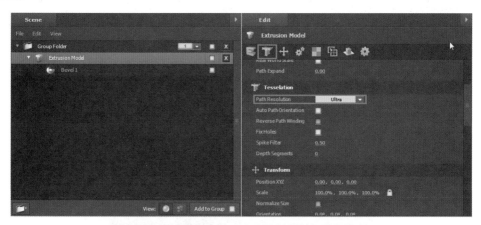

图 7-25

现在文字的金属感还不错，但模型还是显得不太精致，所以再制作一层倒角效果，使文字的造型更显古典、优雅。再次单击右上方的 Extrusion Model（挤出模型）按钮，再单击右下方的 Extrusion（挤出）按钮，将属性中的 Bevel Copies（倒角复制）数值改为 2，右侧上方就出现了 Bevel 2，左侧文字上也出现了第二层倒角，如图 7-26 所示。

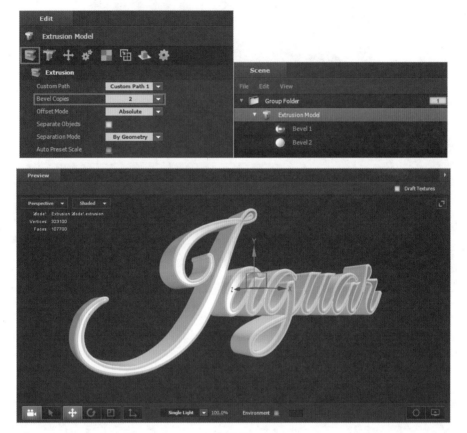

图 7-26

在右侧选择 Bevel 2 选项，单击下方的材质球按钮，同样将 Reflectivity（反射率）中的 Intensity（强度）数值改为 100，如图 7-27 所示。

图 7-27

现在再单击右下方的 Bevel（倒角）按钮，将 Extrude（挤出）数值调为 0.95，将 Bevel Size 数值改为 0.30，文字就出现了一个非常精致的双倒角效果，如图 7-28 所示。

图 7-28

现在三维文字部分就制作完毕了，下面来制作一个车漆背板。

7.2.2　Element 3D 制作车漆背板

先来制作一个背板，单击插件上方的 CREATE（创建）按钮，找到其中的 Plane Model（平面模型）按钮，单击创建模型，画面中就出现了一个平面，如图 7-29 所示。

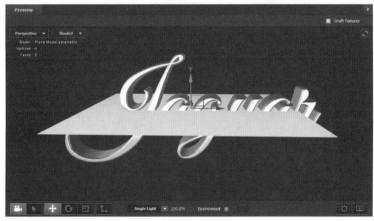

图 7-29

在显示窗口的左下方对 Plane Model（平面模型）进行旋转和移动操作，单击"旋转"按钮后，按住 Shift 键旋转画面中红色的 X 轴，Plane Model（平面模型）就立起来了，但是现在背板在文字模型的中间，再选择"移动工具"沿着 Z 轴将背板向后移动即可，如图 7-30 所示。

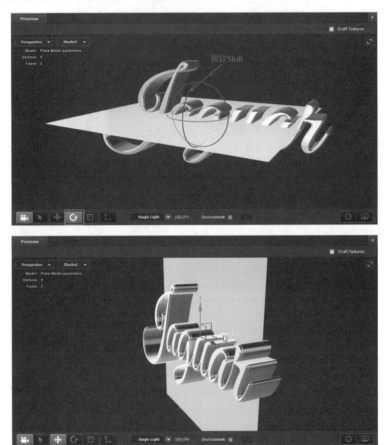

图 7-30

现在调整背板的大小和材质，单击右侧的 Plane Model（平面模型）选项，将下方的 Size XY 数值改为 10.00,10.00。此时背板就放大了 10 倍，充满了画面，如图 7-31 所示。

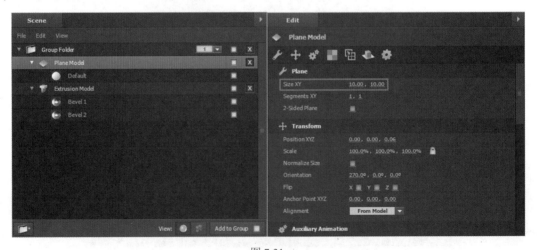

图 7-31

图 7-31（续）

单击右侧 Plane Model（平面模型）左边的三角形图标将其展开，单击 Default（默认）材质属性，再单击下方 Basic Settings（基本设置）中的 Diffuse Color（漫反射颜色）属性，并调成大红色。将 Reflectivity（反射率）中的 Intensity（强度）数值改为 10%，如图 7-32 所示。

图 7-32

单击右侧的 Plane Model（平面模型）属性，然后单击下方的 Reflect Mode（反射模式）按钮，再将下方的 Mode（模式）属性改为 Mirror Surface（镜面），画面中的背板上就出现了反射效果，如图 7-33 所示。

图 7-33

现在单击显示窗口右侧的 View Options（显示设置）按钮，再单击 Show AO（显示 AO）按钮，此时画面的光影效果更强烈了，如图 7-34 所示。

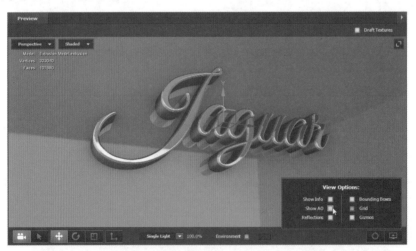

图 7-34

再次单击右上方的 Extrusion Model（挤出模型）按钮，然后单击右下方的 Reflect Mode（反射模式）按钮，再将下方的 Mode（模式）属性改为 Spherical（球面），此时文字的环境反射效果就更好了，如图 7-35 所示。

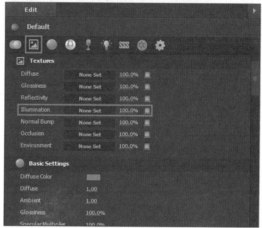

图 7-35

单击右侧的 Default（默认）材质属性，再单击下方的 Textures（贴图）里的 Illumination（照明）属性后面的 None Set 按钮，此时会弹出 Texture Channel（贴图通道）对话框，如图 7–36 所示。

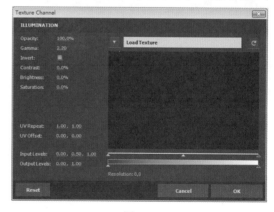

图 7-36

单击 Load Texture（加载贴图）按钮，弹出 Select Texture（选择贴图）对话框，找到 noise_pattern.JPG 贴图单击"打开"按钮，在 Texture Channel（贴图通道）对话框中调节下方的 Input Levels 数值为 0.55,0.32,1.00，单击 OK 按钮，如图 7–37 所示。

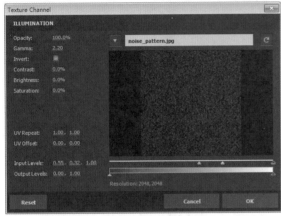

图 7-37

但现在画面中并没有贴图的效果，单击 Illumination（照明）按钮，再将下方的 Intensity（强度）数值改为 55.0%，画面中出现效果，如图 7-38 所示。

图 7-38

但现在贴图的纹理太大了，要将其调小。单击右侧的 Plane Model（平面模型）属性，然后单击下方的 UV Mapping（UV 映射）按钮，再将下方的 UV Repeat（UV 重复）数值改为 10.00,10.00。此时车漆背板的材质就调好了，如图 7-39 所示。

图 7-39

7.2.3　After Effects 摄像机景深的制作

现在三维金属文字和车漆背板都制作完毕了，Element 3D 的任务就完成了。现在可以单击插件右上角的 OK 按钮回到 After Effects 中，如图 7-40 所示。

图 7-40

可是回到 After Effects 中发现效果全变了，一个粉色背景外加一个毫无金属感的、很平的文字。别担心，这是因为还没有创建摄像机。现在创建一个摄像机，执行 Layer（图层）菜单中 New（新建）子菜单中的 Camera（摄像机）选项，创建摄像机，如图 7-41 所示。

图 7-41

现在出现了 Camera Settings（摄像机设置）对话框，找到 Preset（预设）选项，将摄像机的焦距改为 28mm，然后选中下方的 Enable Depth of Field（启用景深）选项，如图 7-42 所示。

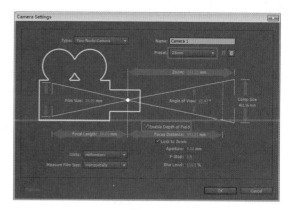

图 7-42

创建好摄像机后，使用摄像机工具将 Logo 的角度调整得与 Element 3D 窗口中的角度相同，如图 7-43 所示。

图 7-43

因为开启了摄像机的景深效果，所以画面整个都模糊了。选择摄像机层，按两次 A 键，打开摄像机的属性，将 Focus Distance（焦距）数值改为 255.0 Pixels，再将 Aperture（光圈）数值改为 25.0 Pixels。此时 Logo 就出现了合适的景深效果，如图 7-44 所示。

图 7-44

景深现在合适了，但 Logo 的质感没有在 Element 3D 窗口中的感觉好，所以还需要再调节一下。选择 E3D 层，在 Effects Control（特效控制）窗口的 Element 3D 属性里找到 Render Settings（渲染设置）选项，单击左边的三角形图标，在下面找到 Ambient Occlusion（环境遮蔽）属性，再单击左侧的三角形图标，选中 Enable AO（启用 AO）选项，然后将下方的 SSAO Intensity（SSAO 强度）数值改为 5.9，此时 Logo 的体积感就增强了，如图 7-45 所示。

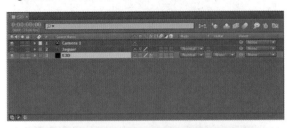

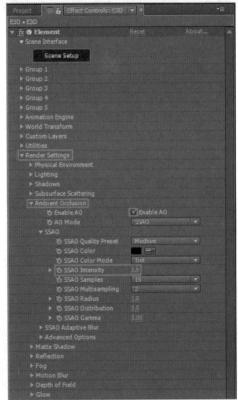

图 7-45

继续在 Effects Control（特效控制）窗口的 Element 3D 属性中找到 Render Settings（渲染设置）选项，在其中找到 Physical Environment（物理环境）属性再单击左侧的三角形图标，将 Exposure 数值改为 1.90，然后将下方的 Gamma（灰度）数值改为 1.20，此时 Logo 的光感就更强了，如图 7-46 所示。

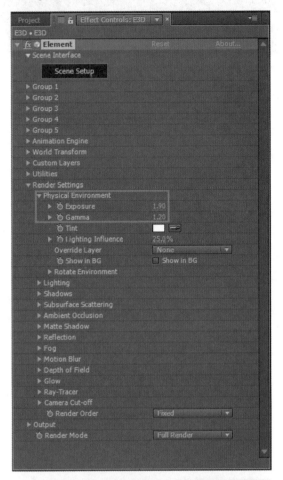

图 7-46

在 Effects Control（特效控制）窗口的 Element 3D 属性中找到 Output（输出）选项，在其中找到 Multisampling（抗锯齿）数值并改为 16，然后将下方的

Supersampling（超级采样）数值改为 2。此时画面的细节就更好了，如图 7-47 所示。

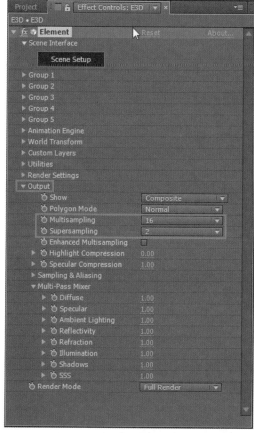

图 7-47

最后再回到 Effects Control（特效控制）窗口的 Element 3D 属性中找到 Render Settings（渲染设置）选项，在其中找到 Rotate Environment（旋转环境）属性，单击其左侧的三角形图标，将 Y Rotate Environment 的数值改为 0x+44.0°，将 Z Rotate Environment 数值改为 0x+7.0°。此时环境贴图的效果就改变了，创建汽车三维标志的案例也就制作完毕了，如图 7-48 所示。

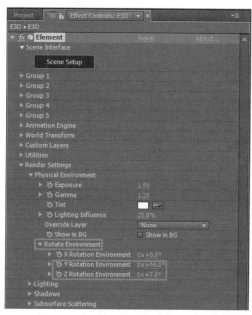

图 7-48

7.3　本章小结

本章的学习到这里又告一段落了。通过本章创建汽车三维标志案例的制作，我们熟悉了 After Effects 的强大插件 Element 3D 的工作流程。现在再次对本章的重要知识点做一下归纳和总结。

知识点 1：Element 3D 插件详解

　　Element 3D 是 Video Copilot（视频素材）公司出品的 After Effects 插件，也是支持 3D 对象在 After Effects 中直接渲染的引擎。

知识点 2：如何启动 Element 3D 插件

　　添加 Element 3D 首先要新建一个固态层，然后在 Effects Control（特效控制）窗口中单击插件上方的 Scene Setup（场景设置）按钮，进入 Element 3D 的独立界面。

知识点 3：三维文字的模型制作方法

　　新建一个文字层，然后在 Effects Control（特效控制）窗口中选择 Element 3D 的 Custom Layers（自定义图层）选项，再打开 Custom Text and Masks（自定义文字与遮罩）属性，在 Path Layer1 后面的下拉列表中选择文字层，然后进入 Element 3D 独立界面，单击上方的 EXTRUDE（挤出）按钮，窗口里就出现了文字的模型。

知识点 4：Element 3D 插件的重要属性

　　调节文字的材质时，主要调节右侧 Extrusion Model（挤出模型）下方的属性和 Bevel（倒角）下方的属性。

知识点 5：复制 Bevel（倒角）和创建背板

　　复制一个 Bevel（倒角）属性来增加模型的细节，创建一个车漆背板来增加环境的渲染气氛。

第8章 无缝衔接的兄弟 Cinema 4D

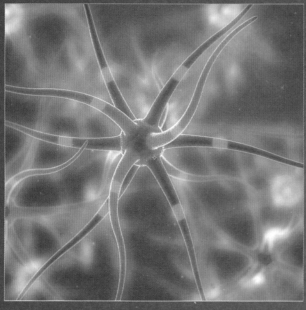

本章学习目标

● 无缝衔接的Cinema 4D

● C4D创建脑细胞神经系统

● 使用After Effects进行后期制作

本章先认识After Effects无缝衔接的兄弟——Cinema 4D,再使用Cinema 4D制作一个脑细胞神经系统效果,最后输出After Effects工程文件无缝导入,完成后期制作。

8.1 After Effects 无缝衔接的兄弟 Cinema 4D

Cinema 4D 的字面意思是 4D 电影，不过其本身还是 3D 的表现软件，由德国的 MAXON Computer 公司开发，以极高的运算速度和强大的渲染插件著称，很多模块的功能在同类软件中可以代表科技进步的成果，并且在用其描绘的各类电影中表现突出，而随着其越来越成熟的技术受到越来越多的电影公司的重视。可以预见，其前途必将更加光明。Cinema 4D 应用广泛，在广告、电影、工业设计等方面都有出色的表现，例如影片《阿凡达》中工作人员使用 Cinema 4D（C4D）制作了部分场景，在这样的大片中看到 Cinema 4D 的表现是很优秀的，它正成为许多一流艺术家和电影公司的首选，Cinema 4D 已经走向成熟，如图 8-1 所示。

图 8-1

2015 年 9 月 2 日，MAXON 在德国腓特烈斯多夫的总部正式发布 Cinema 4D Release 17（R17），为运动图形、视觉特效、产品可视化，以及渲染领域提供了领先三维软件解决方案的最新版本。借助建模、雕刻、动画和渲染方面出色的新功能，新版本软件可以帮助用户实现更高效的工作流程。新的场次系统功能远超传统的渲染层系统。

升级的导入、导出功能，以及新的数据交互功能，这些都将极大地提升制作流水线的效率。创新的雕刻功能、扩展的运动追踪功能，以及完全重写的样条工具都会增强在建模、雕刻和动画方面的设计流程，以得到更好的效果，如图 8-2 所示。

图 8-2

Solid Angle 著名强力渲染器 Arnold 已经登录 Cinema 4D，Arnold 频繁参与高质量电影与电视制作，以其出色的图像品质、惊人的速度与简单易用而著称。

Solid Angle 这款基于蒙特卡洛算法的渲染引擎最先于 Sony Pictures 旗下的 Image works 公司开发，逐渐成为现今专业电影制作的主流渲染器，并且在全球 300 多家工作室已作为标准渲染器，包括 ILM(工业光魔)、Frame store、MPC、The Mill、Digic Pictures 等。自从 C4DtoA 插件首次亮相 2014 Siggraph，Solid Angle 首席设计师兼 CEO Marcos Fajardo 与他的团队就与 MAXON beta 组开发部门密切合作，连通并支持了 Cinema 4D 的大部分功能，并进一步通过新特性充实了 Cinema 4D 的工具，如图 8-3 所示。

图 8-3

下面让我们来介绍 Cinema 4D 的模块组件。

8.1.1　MoGraph 系统

MoGraph 系统在 Cinema 4D 9.6 版本中首次出现，它将提供给艺术家一个全新的维度和方法，又为 Cinema 4D 添上了一个绝对利器。它将类似矩阵式的制图模式变得极为简单、有效而且极为方便，一个单一的物体，经过奇妙的排列和组合，并且配合各种效应器的帮助，你会发现单调的简单图形也会有不可思议的效果，如图 8-4 所示。

图 8-4

8.1.2 毛发系统

Cinema 4D 所开发的毛发系统也是迄今为止最强大的系统之一，如图 8-5 所示。

图 8-5

8.1.3 高级渲染模块

Advanced Render 高级渲染模块，Cinema 4D 的渲染插件非常强大，可以渲染出极为逼真的效果，如图 8-6 所示。

图 8-6

8.1.4 BodyPaint 3D

三维纹理绘画使用该模块可以直接在三维模型上进行绘画，有多种笔触支持压感和图层功能，功能强大，如图 8-7 所示。

图 8-7

8.1.5　动力学模块

动力学模块提供了模拟真实物理环境的功能，通过这个模拟的空间可以实现例如重力、风力、质量、刚体、柔体等效果，如图 8-8 所示。

图 8-8

8.1.6 骨架系统

MOCCA：骨架系统，多用于角色设计，如图 8-9 所示。

图 8-9

8.1.7 网络渲染模块

网络渲染模块可以将几台计算机用网络连接起来，进行同时渲染，可以大大增加渲染的速度，如图 8-10 所示。

图 8-10

8.1.8　云雾系统

云雾系统可以逼真地模拟真实世界中的各种云雾效果，如图 8-11 所示。

图 8-11

8.1.9　二维渲染插件

二维渲染插件可以模拟二维的效果，例如马克笔效果、毛笔效果、素描效果等，如图 8-12 所示。

图 8-12

8.1.10　粒子系统

粒子系统可以更加真实地、智能地模拟自然界中的粒子效果，如图 8-13 所示。

图 8-13

8.2 C4D 创造脑细胞神经系统

8.2.1 C4D 制作脑细胞模型

上面已经认识了 After Effects 无缝衔接的兄弟——Cinema 4D，下面就来制作一个创造脑细胞神经系统的案例，感受一下 After Effects 与 Cinema 4D 的工作流程，首先来欣赏一下完成后的最终效果，如图 8-14 所示。

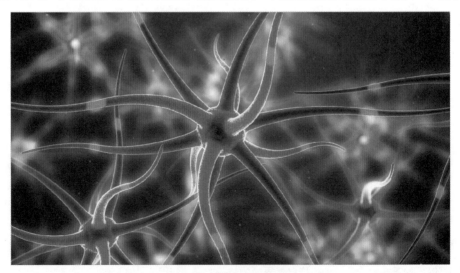

图 8-14

非常帅气的一个场景，可以直接用在科幻电影中。制作思路是：首先在 Cinema 4D 中建模、调节材质，以及动画制作，然后直接存储为 After Effects 的工程文件后，在 After Effects 中完成特效和后期制作。

首先启动 Cinema 4D 软件，如图 8-15 所示。

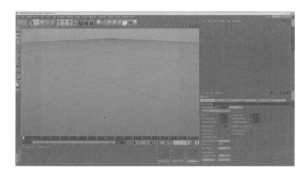

图 8-15

现在开始制作脑神经的模型了，首先在上方的工具面板中找到创建基本对象物体工具组，单击按住该工具组的图标，在弹出的列表中找到 Platonic（柏拉图立体）工具，单击创建一个物体，如图 8-16 所示。

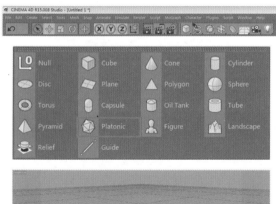

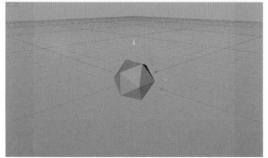

图 8-16

现在调节该物体的属性，在右边的属性管理栏中找到 Type（类型）选项，在其中选择 Dodeca（正十二面体）选项，直接按 C 键将几何体转换为多边形物体，如图 8-17 所示。

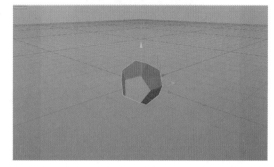

图 8-17

现在物体的每个面都是五边形，是由一个三角面和一个四边面组成的，如果现在选择面挤出，是无法成功的，所以要先将面进行合并。在左侧选择面模式，在透视图中直接选择一个三角面，按住 Shift 键加选一个四边面，直接单击鼠标右键，在弹出的快捷菜单中选择 Melt（溶解）选项，其他面也均进行此操作，如图 8-18 所示。

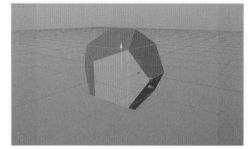

图 8-18

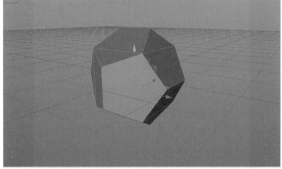

图 8-18（续）

所有面都合并完成后，在上方工具栏中选择"矩形选择工具"，框选所有面，注意不选中右侧的 Only Select Visible Elements（只选择可见面）选项。选择所有面，单击鼠标右键，在弹出的快捷菜单中选择 Extrude Inner（向内挤压）选项。右侧的物体属性首先不选中 Preserve Groups（保留组）选项，并将 Offset（偏移）数值改为 20，如图 8-19 所示。

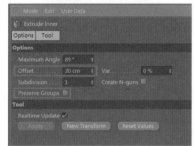

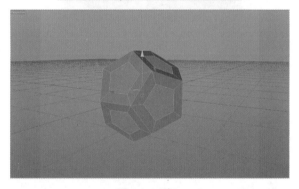

图 8-19（续）

现在继续单击鼠标右键，在弹出的快捷菜单中选择 Matrix Extrude（矩阵挤出）选项，单击右侧属性面板中的 Apply（应用）按钮，再将属性管理栏中的 Scale 的 3 个值均改为 90。此时物体上就挤出了触手一样的形状，先将 Rotate（旋转）的第一个属性值改为 5°，然后单击下方的 New Transform（新的变换）选项，再将 Rotate（旋转）的第一个属性改为 –5°，触手弯曲得更自然了，如图 8-20 所示。

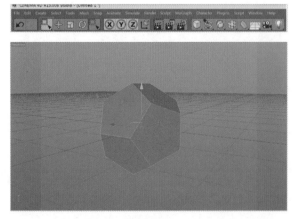

图 8-19

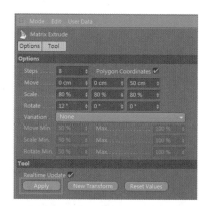

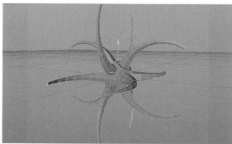

图 8-20

现在在左侧切换为物体模式，在上方的工具栏中选择修改器工具里的 Subdivision Surface（细分表面）工具，并在右侧上方的层级面板中将物体拖曳到 Subdivision Surface（细分表面）中，此时画面中的物体变得圆滑了，如图 8-21 所示。

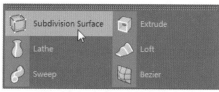

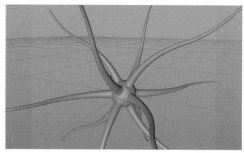

图 8-21

但现在仔细观察物体还是不够光滑，在右边的对象管理栏，选择 Platonic（柏拉图立体）物体层，右击，在弹出的面板中选择 CINEMA 4D Tags（CINEMA 4D 标签）选项，继续在 CINEMA 4D Tags（CINEMA 4D 标签）中选择 Phong（Phong 材质）选项。此时物体就非常圆滑了，如图 8-22 所示。

图 8-22

至此，脑神经模型部分就制作完毕了，下面来制作其材质。

8.2.2　为脑细胞模型添加材质

材质部分主要有两种，一种是蓝色的脑神经主材质；另一种是脑神经上红色的信息流动效果，如图 8-23 所示。

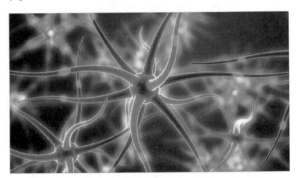

图 8-23

首先双击下方材质管理栏的空白处，建立一个空材质球，双击材质球打开其属性，不选中 Color（颜色）和 Specular（高光）选项，如图 8-24 所示。

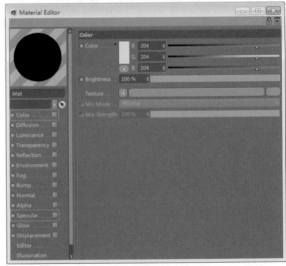

图 8-24

将 Luminance（亮度）选项选中，再单击右侧Texture 后的三角形图标，在展开的选项中选择 Layer（层）选项，如图 8-25 所示。

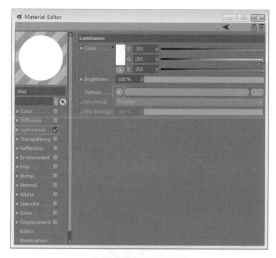

接将材质球定义给物体。此时物体就添加上了材质，如图 8-26 所示。

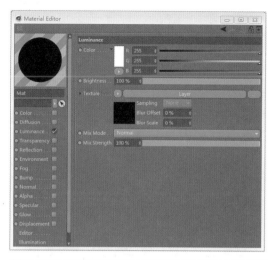

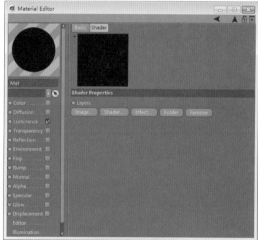

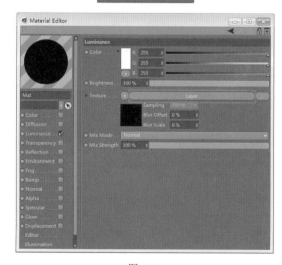

图 8-25

图 8-26

单击下方的黑色方块，进入 Layer 的子层级，单击 Shader（材质）按钮，在展开的选项中选择 Fresnel（菲涅耳）选项，材质球就变成了一个黑白的渐变，直

169

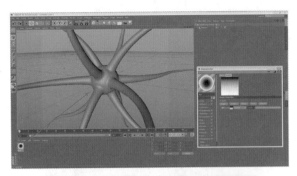

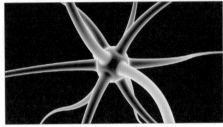

图 8-26（续）

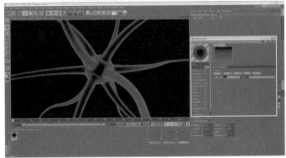

单击 Fresnel（菲涅耳）选项后面的黑白渐变方块，进入渐变的子层级，继续单击左边的白色小方块，将颜色改为深蓝色，如图 8-27 所示。

图 8-27（续）

在 Fresnel（菲涅耳）的字母上直接单击鼠标右键，选择 Copy Channel（复制通道）选项。单击 Shader（材质）按钮选择最后一项 Paste Channel（粘贴通道）选项，现在有上下两层完全一样的通道，单击上层通道的渐变图标，进入子层级将颜色改为淡蓝色，回到父层级将层混合模式改为 Add（添加），再进入渐变的子层级，将右边的黑色方块向左拖曳，白色就来到物体的边缘了，如图 8-28 所示。

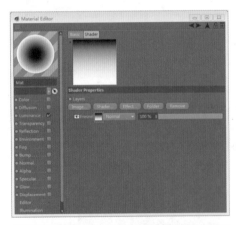

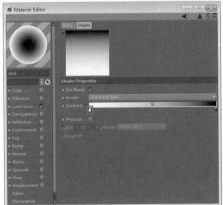

图 8-27

图 8-28

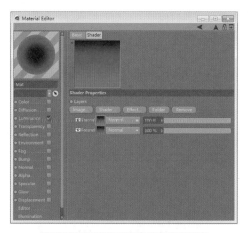

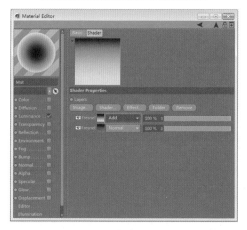

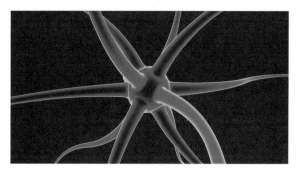

图 8-28（续）

现在物体的颜色比较到位了，但质感还稍有欠缺，下面为其添加一点凹凸效果。在材质属性中选中 Bump（凹凸贴图）选项，再单击右侧的 Texture 三角形图标，在展开的选项中选择 Noise（噪波）选项，如图 8-29 所示。

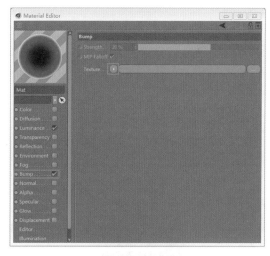

图 8-29

图 8-28（续）

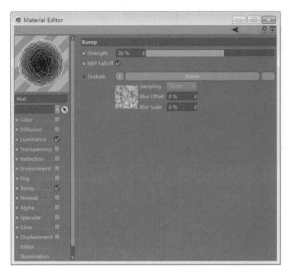

图 8-29（续）

但现在纹理有些过大，显得有点夸张，直接单击下面的黑白噪波进入子层级，将 Noise（噪波）属性改为 FBM（分形布朗运动），蓝色的脑神经主材质就调整好了，如图 8-30 所示。

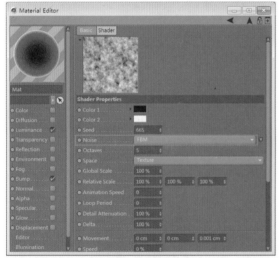

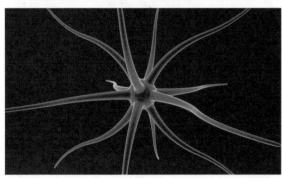

图 8-30

下面来调节脑神经上红色的信息流动效果。在右侧的对象管理栏中按住 Ctrl 键将 Subdivision Surface（细分表面）层向下拖曳复制一层，单击上层后面的点两次使其变为红色，即可隐藏上层。将下面层 Subdivision Surface.1 的材质球删除，如图 8-31 所示。

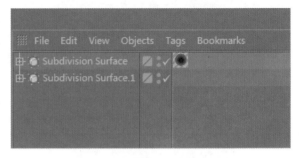

图 8-31

再次双击下方的材质球窗口的空白处来建立一个空材质球，然后双击材质球打开其属性，不选中 Color（颜色）和 Specular（高光）选项。选中 Luminance（亮度）选项，再单击右侧的 Texture 属性后的三角形图标，在展开的属性中选择 Gradient（渐变）选项，如图 8-32 所示。

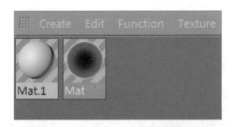

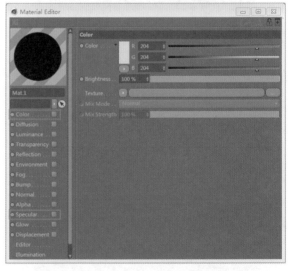

图 8-32

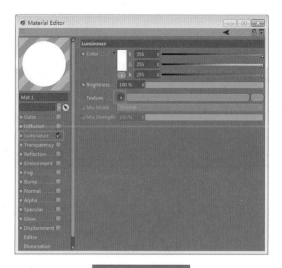

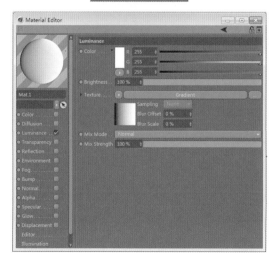

图 8-32（续）

现在单击下面的渐变方块，进入 Gradient（渐变）的子层级，将 Gradient 属性右侧的白色方块移到左侧，

在渐变条下方单击新建一个色标，双击后修改颜色为黑色，如图 8-33 所示。

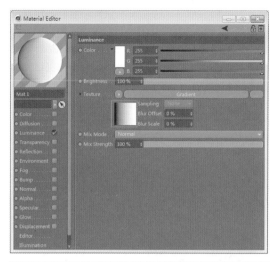

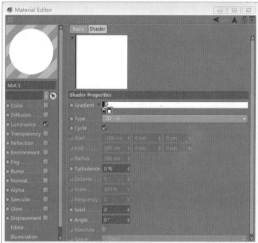

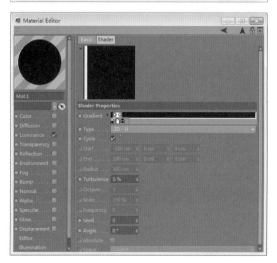

图 8-33

下面为渐变制作动画，将时间指针调整到 0 帧的位置，按住 Ctrl 键单击 Gradient 属性左边的圆圈图标，圆圈变为红色就已经设定了一个关键帧，将时间指针拖到 30 帧的位置，将下方的 3 个小方块全部移到右侧，再次按住 Ctrl 键单击 Gradient 属性左边的圆圈图标，定义第二个关键帧，动画做完后还是将材质直接拖曳给物体，如图 8-34 所示。

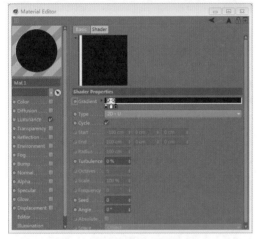

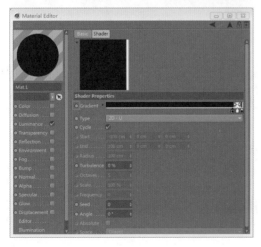

图 8-34

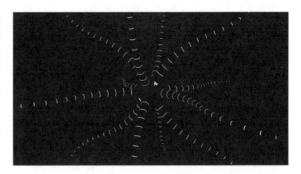

图 8-34（续）

但现在物体上的白色线条太细、太多了，继续调节渐变属性，将 Type（类型）属性改为 3D-Spherical（球面的），将 Start（开始）属性的第一个值改为 0cm，将 Radius（半径）数值改为 920cm，这样白色部分就只运动一次了，如图 8-35 所示。

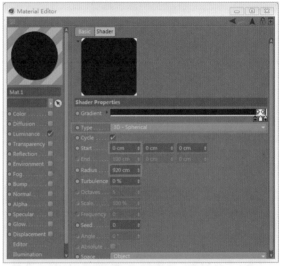

图 8-35

现在在右边的对象管理栏中的第二层 Subdivision Surface.1 后面双击变为红色，隐藏第二层，然后将上面层 Subdivision Surface 取消隐藏，画面中又出现了蓝色物体，如图 8-36 所示。

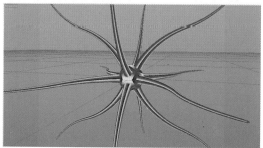

图 8-36

双击黑色材质球，打开材质球属性，再次单击右侧的 Texture 后的三角形图标，在展开的选项里选择 Copy Channel（复制通道）选项，再双击蓝色材质球，展开属性进入子层级。单击 Shader 按钮，在弹出的选项里选择最后一项 Paste Channel（粘贴通道），黑色材质球上的渐变通道就被复制到蓝色材质球上了，如图 8-37 所示。

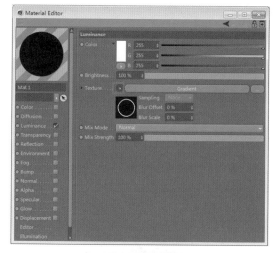

图 8-37

图 8-37（续）

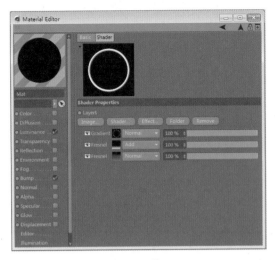

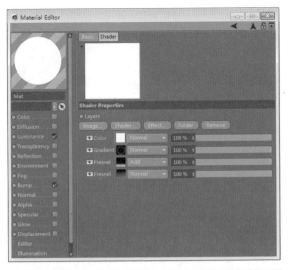

图 8-37（续）

再单击右侧的 Shader 按钮，在弹出的选项里选择 Color（色彩），创建一个新层，将白色改为红色，然后将第二层 Gradient（渐变）后面的层混合模式改为 Layer Mask（图层遮罩），最后再将第一层 Color 后面的层混合模式改为 Add（添加），脑神经上红色的信息流动材质也就调整好了，如图 8-38 所示。

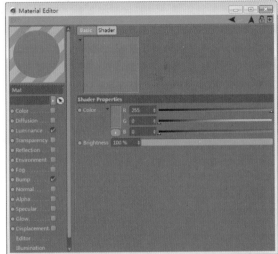

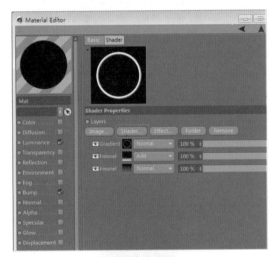

图 8-38

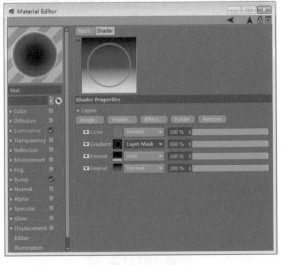

图 8-38（续）

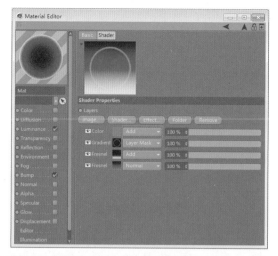

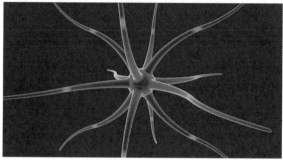

图 8-38（续）

8.2.3 克隆脑细胞与摄像机景深

下面复制出一个脑细胞效果，在上方的工具栏中找到 MoGraph（运动图形）选项，展开后找到 Cloner（克隆）选项继续单击添加，如图 8-39 所示。

图 8-39

但现在画面中并没有出现多个细胞，这是因为要将物体放到 Cloner（克隆）的层级之下，将物体层直接拖曳给 Cloner（克隆）层，此时出现了效果，如图 8-40 所示。

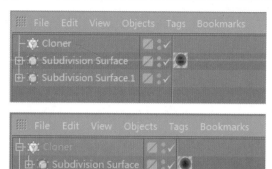

图 8-40

此时复制的细胞全都聚在一起，下面调节属性使它们分开，单击右侧的 Cloner（克隆）层，先找到右下方的 Cloner（克隆）属性里的 Mode（模式），将 Linear（线性）改为 Grid Array（阵列）。找到 Size（尺寸）属性，将3 个值均改为 2900cm。此时细胞就分开了，如图 8-41和图 8-42 所示。

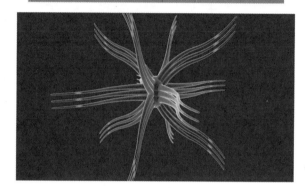

图 8-41

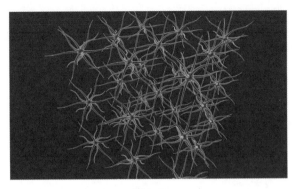

图 8-42

可是复制细胞的间隔和形状都太一致了，现实中一般不会这么有规律，再次在上方的工具栏中单击 MoGraph（运动图形）选项，展开后找到 Effectsor（效果器）选项，在 Effectsor（效果器）属性里找到 Random（随机）选项，继续单击添加，如图 8-43 所示。

图 8-43

单击右侧的 Random（随机）属性，然后在右下方的属性里找到 Position（位置）选项，将 3 个值都改为 1000，再将后面的 Rotation（旋转）属性的 3 个值分别改为 135°、95°、145°。此时画面里的细胞位置和角度就随机变化了，如图 8-44 所示。

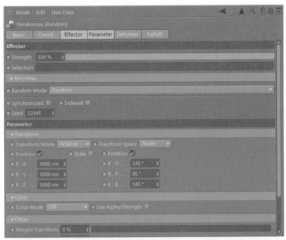

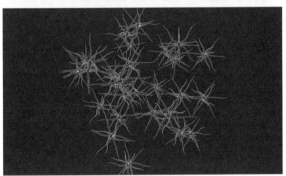

图 8-44

现在细胞调整好了，开始建立摄像机。在上方的工具栏中找到摄像机按钮，单击按住该按钮，在弹出的列表中选择 Camera 工具，如图 8-45 所示。

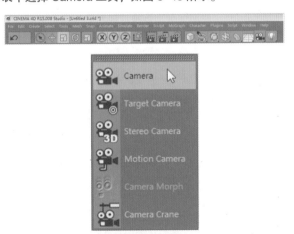

图 8-45

创建摄像机后，发现画面中的安全框比较方，并不是高清的尺寸，所以单击上方工具栏中的"渲染设置"按钮，将宽度和高度分别改为 1280 和 720，如图 8-46 所示。

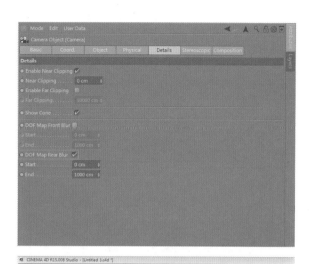

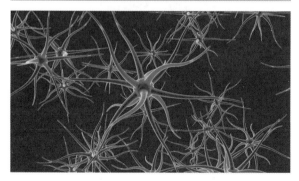

图 8-46

现在制作摄像机的景深效果，单击右侧的摄像机选项，在下方的属性中选中 DOF Map Rear Blur（景深贴图模糊）选项。展开上方的渲染设置面板，找到 Effects（效果）选项，在弹出的窗口中找到 Depth of Field（景深）选项，选择后将 Blur Strength（模糊强度）数值改为 7%，如图 8-47 所示。

图 8-47

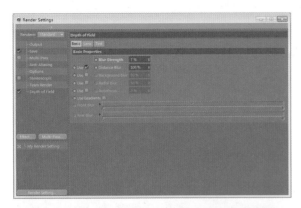

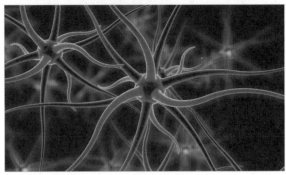

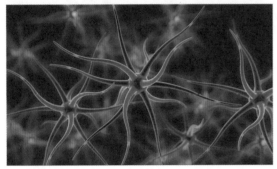

图 8-48（续）

图 8-47（续）

现在虽然有了摄像机动画，但因为红色材质的动画只做了 30 帧，所以 30 帧之后就没有动画效果了，所以要给动画做一个循环。执行 Window（窗口）菜单中的 Timeline（时间线）命令，展开之后单击 Gradient（渐变）选项，然后在右下方的属性栏中找到 After（之后）选项并改为 Repeat（重复），再将后面的 Repetitions（重复性）参数改为 6，如图 8-49 所示。

景深现在合适了，最后再给摄像机制作一点微微的动画效果。首先将时间轴下方的结束时间改为 150 帧，然后选择右侧的摄像机，在时间线 0 帧的位置，单击红色的钥匙按钮，设定一个关键帧，摄像机镜头内容不变。将时间指针调到 150 帧的位置，推进并旋转摄像机镜头，再次单击红色的钥匙按钮，设定一个关键帧。此时摄像机动画就制作好了，如图 8-48 所示。

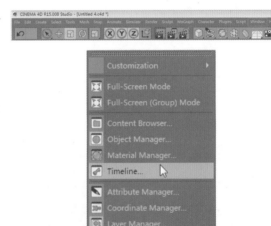

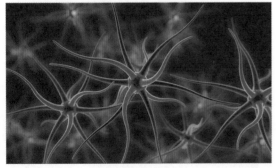

图 8-48

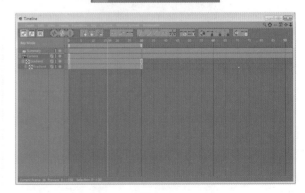

图 8-49

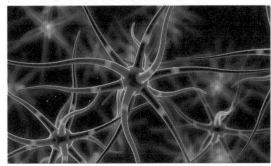

图 8-50（续）

图 8-49（续）

现在只剩最后一个问题，就是红色材质运动的时间太一致了。解决这个问题的办法很简单，复制两个材质球，在 Timeline（时间线）中进行前后偏移，然后再复制几个原物体，将材质球进行替换，如图 8-50 所示。

至此，Cinema 4D 的内容就制作完毕了，下面输出 After Effects 的工程文件，单击上方工具栏中的渲染设置工具，Output（输出）选项和 Save（保存）选项有许多值都要调整，如图 8-51 所示。

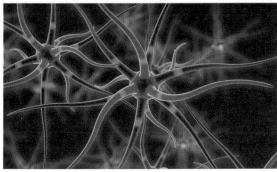

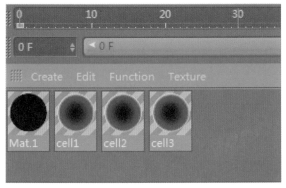

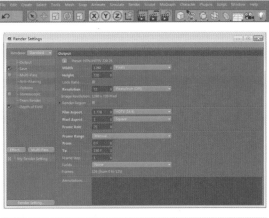

图 8-50

图 8-51

181

调整完毕后直接按快捷键 Shift+R 开始渲染。渲染完毕后，序列帧和 After Effects 的导入文件都在一起，如图 8-52 所示。

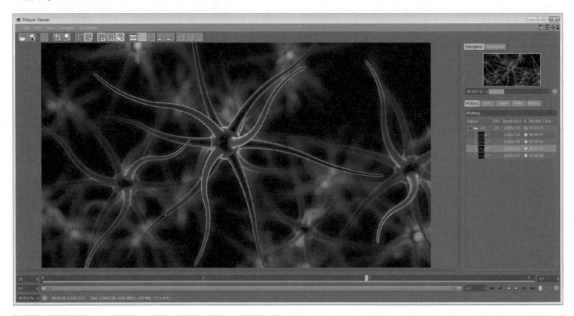

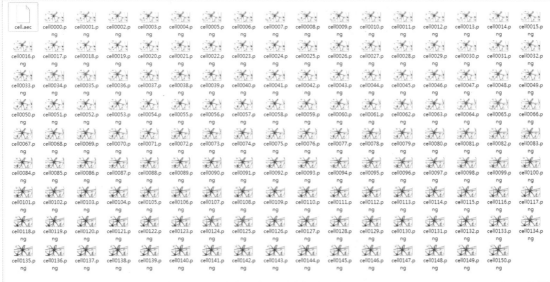

图 8-52

8.3 如虎添翼

现在就将 Cinema 4D 输出的文件导入 After Effects 后进行后期制作。打开 After Effects 后执行 File（文件）菜单中 Import（导入）子菜单下的 File（文件）命令，此时会弹出导入对话框，选择 cell.aep 文件并导入，在 After Effects 的 Project（项目）窗口中有了合成文件，双击 cell 合成文件，Composition（合成）窗口和时间线窗口中都出现了内容，并且连摄像机也一起导入了进来，如图 8-53 所示。

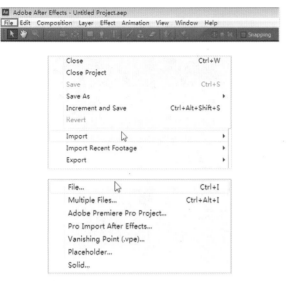

因为是输出的 PNG 序列，所以背景是透明的，现在创建一个背景。首先新建一个固态层，直接按快捷键 Ctrl+Y，此时会弹出 Solid Settings 对话框，将其命名为 BG（背景），颜色改为纯黑色，将 BG 层放到底部，打开"特效"面板，在空白处单击鼠标右键找到 Generate（生成）子菜单，在 Generate（生成）子菜单中选择 Ramp（渐变）选项，如图 8-54 所示。

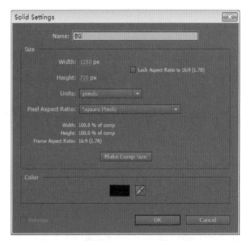

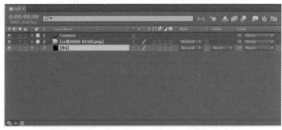

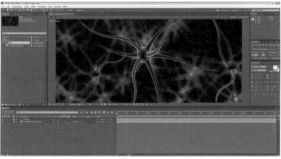

图 8-53

图 8-54

图 8-54（续）

特效添加后将 Ramp（渐变）的黑色变为深蓝色，白色改为黑色，如图 8-55 所示。

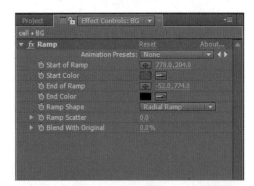

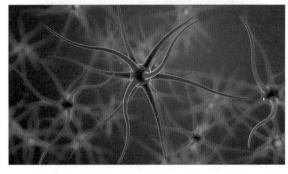

图 8-55

下面再添加一层粒子，使画面内容更加丰富。首先新建一个固态层，直接按快捷键 Ctrl+Y，弹出 Solid Settings 对话框，将其命名为 Particular（粒子），在 Effects Control（特效控制）窗口的空白处单击鼠标右键，在弹出的特效菜单中选择 Trapcode 子菜单中的 Particular（粒子插件）选项，如图 8-56 所示。

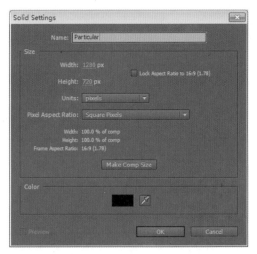

图 8-56

在 Particular（粒子插件）的属性中找到 Emitter（发射器）选项，对多处选项进行设置，如图 8-57 所示。

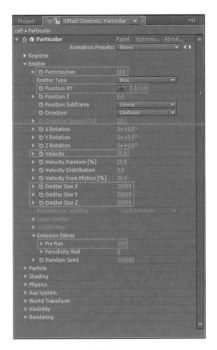

图 8-57

现在在 Particular（粒子插件）的属性中找到 Particle（粒子）选项，同样进行几处参数的设置，粒子就添加完成了，如图 8-58 所示。

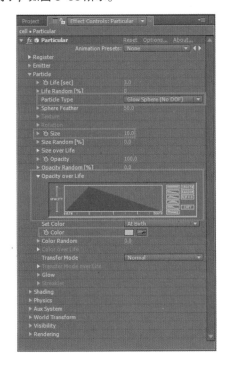

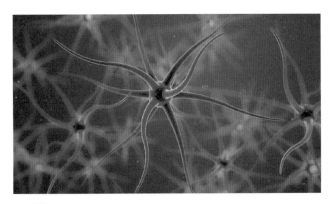

图 8-58

下面要给红色材质加一点辉光效果，选择 PNG 序列层，按下快捷键 Ctrl+D 复制一层，将该层放在顶层。在 Effects Control（特效控制）窗口的空白处单击鼠标右键，在弹出的特效菜单中选择 Keying（键控）子菜单中的 Extract（抽出）选项，修改 Extract（抽出）参数，如图 8-59 所示。

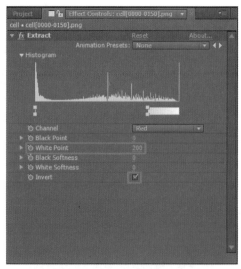

图 8-59

继续在 Effects Control（特效控制）窗口的空白处单击鼠标右键，在弹出的特效菜单中选择 Blur & Sharpen（模糊和锐化）子菜单中的 Fast Blur（快速模糊）选项，将 Fast Blur（快速模糊）数值改为 22。最后将该层的混合模式改为 Add（添加），红色材质就出现了辉光效果，现在将该层也复制一层。此时效果就更加强烈了，如图 8-60 所示。

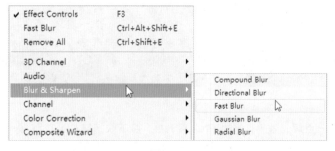

图 8-60

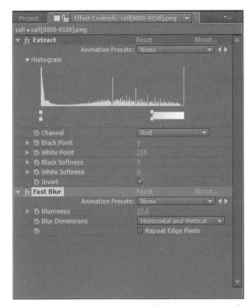

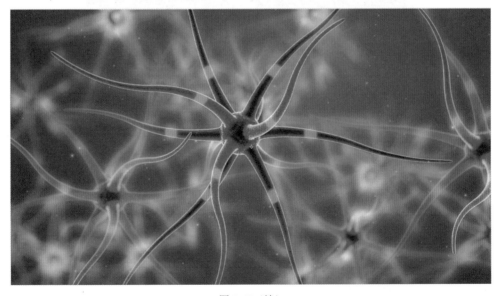

图 8-60（续）

再复制一层 PNG 序列层，就放在原始层的上面。还是在 Effects Control（特效控制）窗口的空白处单击鼠标右键，在弹出的特效菜单中选择 Blur & Sharpen（模糊和锐化）子菜单中的 Fast Blur（快速模糊）选项，将 Fast Blur（快速模糊）数值改为 40，最后再将该层的混合模式改为 Add（添加）。此时整个画面都变亮了，如图 8-61 所示。

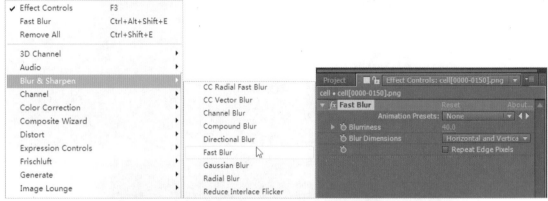

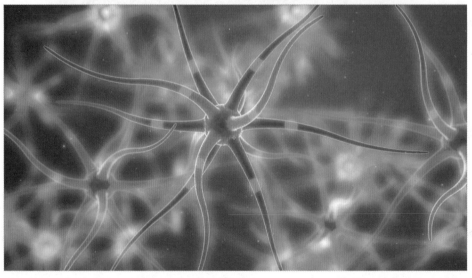

图 8-61

最后再为整个画面整体调一下色彩，直接按快捷键 Ctrl+Alt+Y 新建调节层，按回车键将该层命名为 Color。为 Color 层添加 Curves（曲线）和 Color Balance（色彩平衡）特效，如图 8-62 所示。

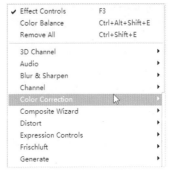

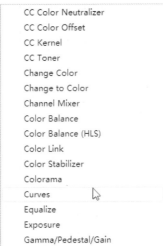

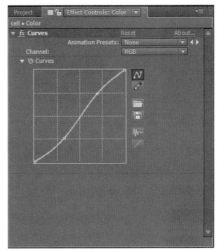

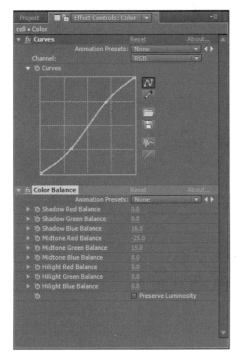

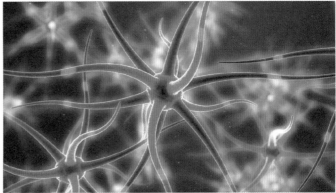

图 8-62

8.4 本章小结

本章的学习到这里就结束了。通过本章制作的一个创造脑细胞神经系统的案例，我们感受了 After Effects 与 Cinema 4D 的工作流程。现在再次对本章的重要知识点做一下归纳和总结。

知识点 1：Cinema 4D 概论

CINEMA 4D 是 3D 的表现软件，由德国 Maxon Computer 公司开发，以极高的运算速度和强大的渲染插件著称，其很多模块的功能在同类软件中代表科技进步的成果。

知识点 2：Cinema 4D 基础建模的方法

通过将几何体转换为多边形物体，再通过 Extrude Inner（向内挤压）和 Matrix Extrude（矩阵挤出）功能，最后进行模型的细分。

知识点 3：Cinema 4D 的材质制作

该案例一共制作了两种材质，一种是蓝色的脑神经主材质，另一种是脑神经上红色的信息流动效果。

知识点 4：Cinema 4D 的克隆功能

将脑细胞效果复制一个，在工具栏找到 MoGraph（运动图形）选项，展开后找到 Cloner（克隆）选项。

知识点 5：摄像机景深

选中摄像机属性中的 DOF Map Rear Blur（景深贴图模糊）选项，然后在渲染设置中找到 Effects（效果）属性，再选择 Depth of Field（景深）选项，最后调整 Blur Strength（模糊强度）参数。

知识点 6：After Effects 的后期制作

在完成 Cinema 4D 的制作并导入 After Effects 后，还要添加 BG 层，使用 Trapcode 插件里的 Particular（粒子）插件制作小颗粒，制作红色材质的辉光，最后再为整个画面调色。